今すぐ使えるかんたん

ぜったいデキます！ホームページ作成超入門

技術評論社

本書の使い方

- 操作を大きな画面でやさしく解説！
- 便利な操作を「ポイント」で補足！

解説されている内容がすぐにわかる！

レイアウト編

Section 05

第3章 ホームページの土台を作ろう

ホームページのタイトルを入力しよう

- ホームページタイトル
- タイトルの付け方
- タイトルの入力

ホームページの名前を入力しましょう。なお、レイアウトの種類によっては、タイトルの表示場所が違ったり、ページタイトルエリアがないものもあります。

どのような操作ができるようになるかすぐにわかる！

ホームページタイトルについて

ホームページタイトルは全てのページの同じ場所に表示されます。そのため、見る人が何のホームページを表示しているのかがわかるように、会社名やサークルの名前などを入力するのが良いでしょう。
なお、レイアウトの種類によってはページタイトルの設定が無いものもあります。その場合は「見出し」コンテンツに入力しましょう。

ホームページタイトル

ホームページの土台を作ろう

068

- やわらかい上質な紙を使っているので、開いたら閉じにくい!
- オールカラーで操作を理解しやすい!

大きな画面と
操作のアイコンで
わかりやすい!

(または「ホームページタイトル」)を

クリック  します。

タイトルを入力し、保存をクリックします。

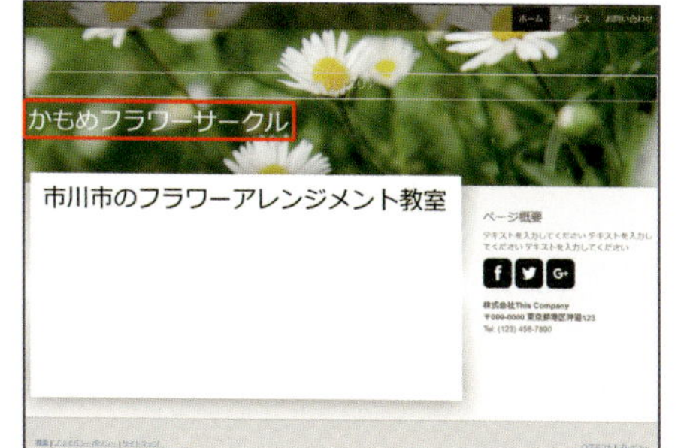

ホームページのタイトルが入力されました。

便利な操作や
注意事項が
手軽にわかる!

ポイント

タイトルの文字の色はレイアウトの種類によって異なります。色を変更することもできます(157ページ参照)。

終わり

レイアウト編 第3章

あなたにもホームページが作れます！

この本ではJimdo(ジンドゥー)というサービスを使って「かんたんに」「無料」でできるホームページの作り方をご紹介しています。あなたもホームページを作ってみましょう！

Jimdo(ジンドゥー) を使うとどんなよいことがある？

ホームページを持つ意味は、会社の商品やサービスをアピールすることだけでありません。サークルや自分の趣味のページなど、個人でホームページを持ちたいと思っている人もたくさんいます。
そういった人の中では「技術」や「費用」といったことが課題となるでしょう。
その2つの課題をクリアできるのが、Jimdo（ジンドゥー）です。
Jimdoなら、専門的な知識がない「ホームページ作成初心者」の人でも、ホームページをかんたんに、しかも無料で作成することができるのです。

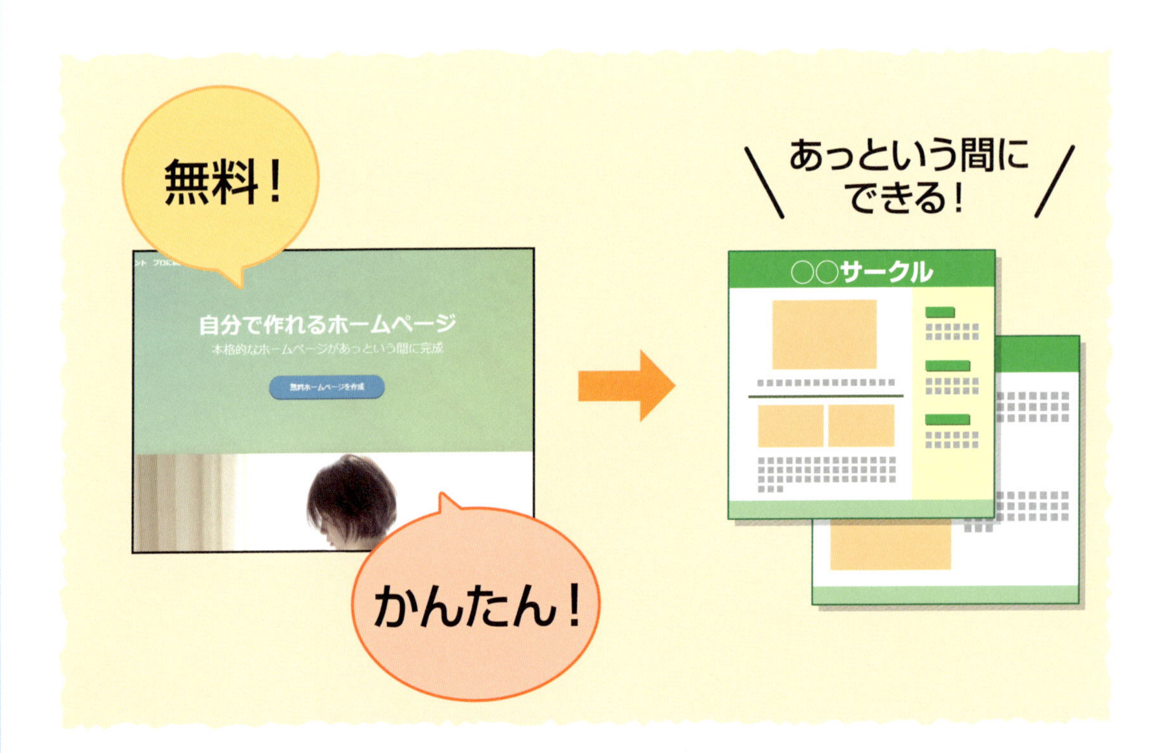

こんな人なら大丈夫! Jimdoでホームページを作れます

Jimdoを操作するのに、特別な知識は必要ありません。少しでもパソコンを操作したことがある人なら、かんたんに使うことができます。
たとえば、以下のような人なら、すぐにJimdoを使ってホームページ作りを始められます。

マウスの操作や、**フォルダの操作**など、基本的な**パソコンの操作**ができる

文字入力ができる

メールを使っている

インターネットを使っている

ホームページで**表現したい内容**、**伝えたい事**がある

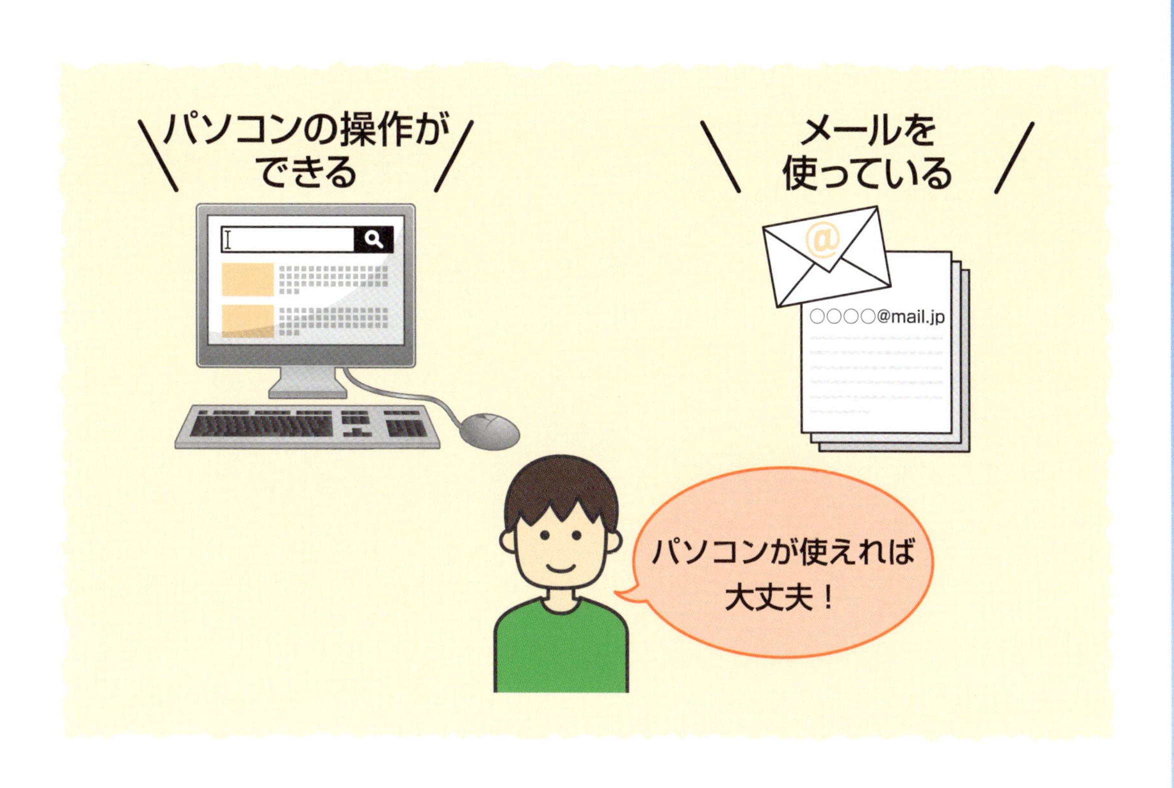

ホームページ事例紹介

初めてのホームページを、Jimdoを使って作成した方々を紹介します。それぞれ、内容、ジャンルは異なりますが、楽しみながらホームページを作成する思いは同じです。

ホームページタイトル

「Artlife of Yoshiko Ishiguro」

https://yoshiko-artlife.jimdo.com/

Jimdoを使った感想

「画像がきれい」と褒められます。展覧会のお知らせなどを発信しているのでHPを見て来てくれる人がいます。（60代女性）

ホームページタイトル

「絵手紙を通して人生を豊かに」

https://etegami-kaze.jimdo.com/

Jimdoを使った感想

75歳からの挑戦で少々心配したが、かんたんに出来たので嬉しかったです。(70代男性)

ホームページタイトル

「生き生きエンジョイパソコン」

Jimdoを使った感想

最初は時間がかかったが、いじっているうちに自然に覚えるようになりました。自分が思っていたよりかんたんにできました。(60代女性)

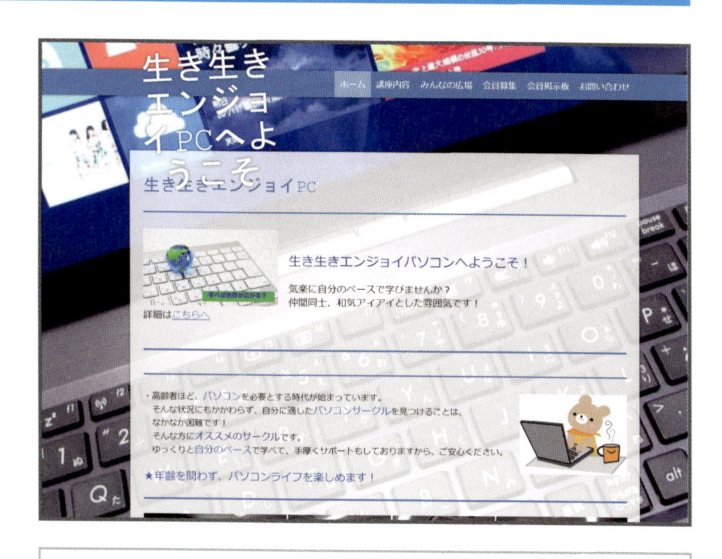

https://ikiiki-enjyoi-pc-2017.jimdo.com/

ホームページタイトル

「ドリームTキッズ」

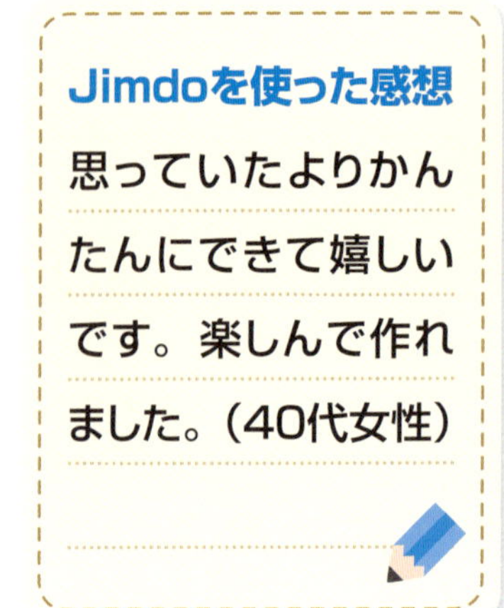

https://dancefactory-1965.jimdo.com/

ホームページタイトル

「あかとんぼガーデナーズ活動記録」

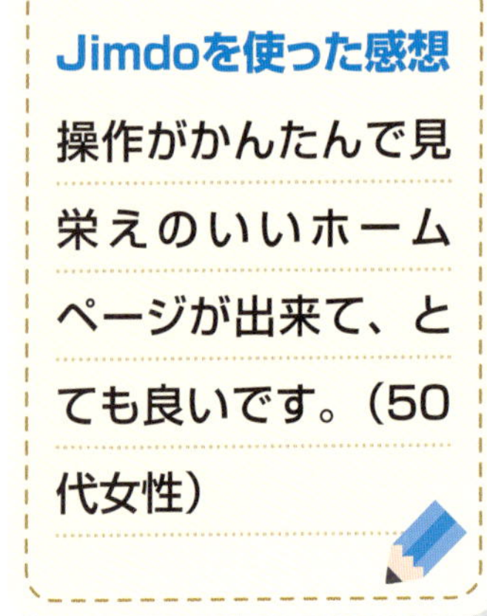

https://akatonbogardeners.jimdo.com/

ホームページタイトル

「生き生きパソコンクラブ」「りんごサークル」

https://ikikipc-club.jimdo.com/

https://ringo-circle.jimdo.com/

Jimdoを使った感想

思っていた以上にかんたんできれいに仕上がったので満足です。(68歳女性)

本書で作るホームページ

本書で作るホームページがどんな作りになっているか、各ページの内容を確認しましょう。各ページのポイントとなる機能については、記載されているページで解説しています。

本書で作るホームページについて

本書の中では、「フラワーアレンジメントサークル」のホームページを作成していきます。使用するのは、Jimdoの基本的な機能ばかりです。実際に作る過程を追いながら、自分のホームページ作成にも使える操作を学んでいきましょう。

全体のレイアウトと背景

●トップページ

ホームページで最初に表示される画面です。ホームページの「顔」とも言えます。

サークルの基本情報ページ

サークルやホームページそのものの概要をまとめたページです。

プロフィールページ

サークルやホームページの代表者のプロフィールを載せたページです。

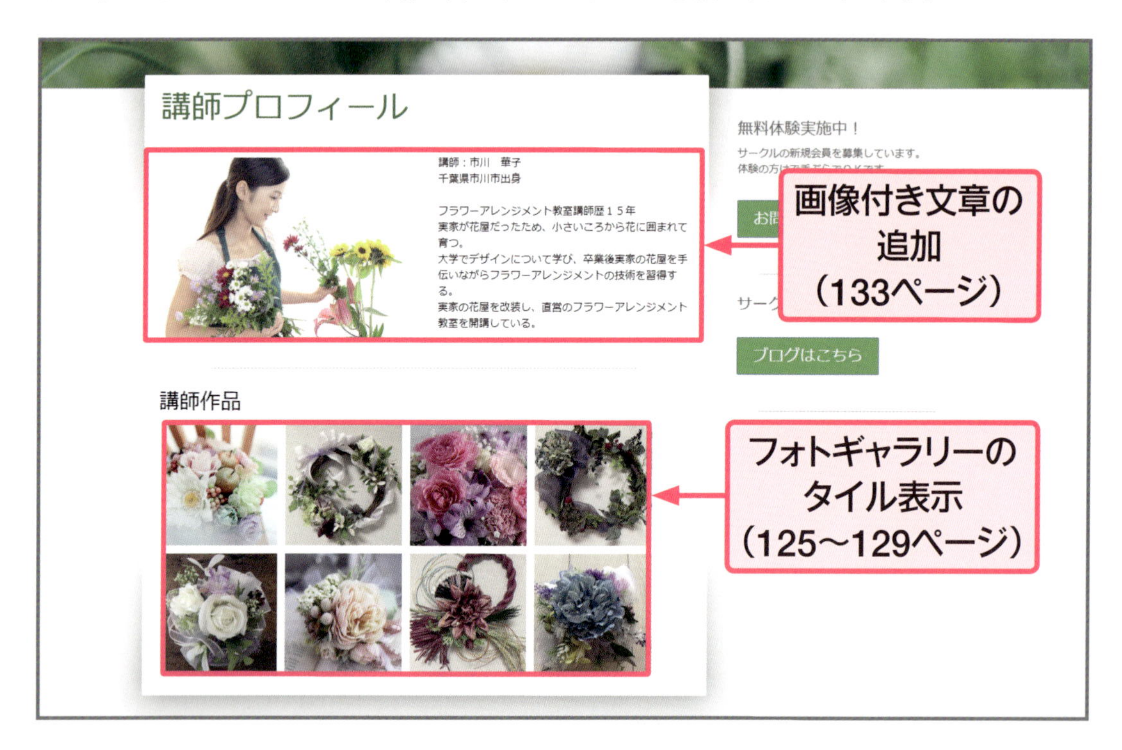

スケジュール・会費ページ

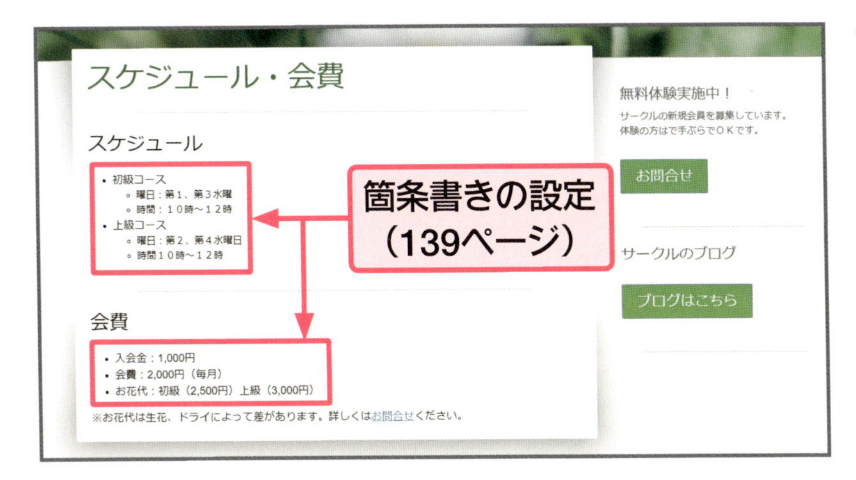

サークルのスケジュールなどをまとめたページです。

アクセスページ

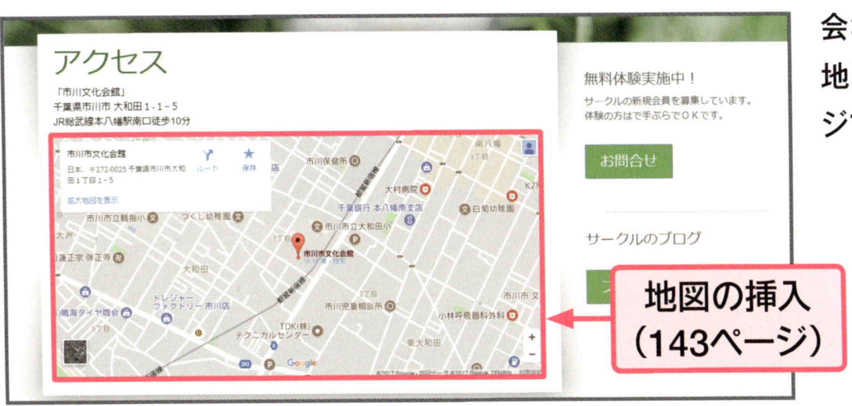

会場や教室までの地図を載せたページです。

お問合せページ

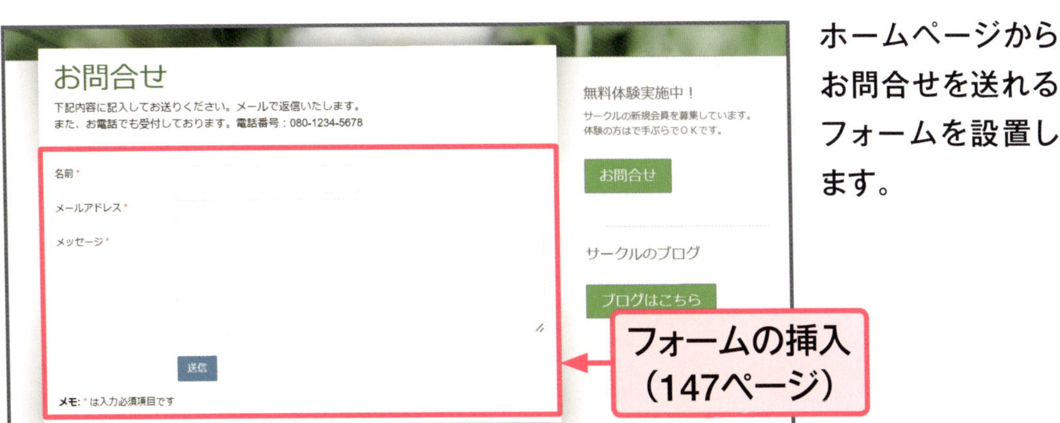

ホームページからお問合せを送れるフォームを設置します。

Contents

準備編

第1章 ホームページを作る前の準備をしよう

Section 01 ホームページってどんなもの? …… 020
02 Jimdoでホームページを作る流れを知ろう …… 022
03 必要なものを準備しよう …… 026

登録編

第2章 Jimdoを使い始めよう

Section 01 Jimdoに登録しよう …… 030
02 Jimdoの画面を確認しよう …… 038
03 Jimdoの開始と終了方法をしろう …… 040

レイアウト編

第3章 ホームページの土台を作ろう

Section 01 この章で行うことを確認しよう …… 046
02 ホームページのレイアウトを変更しよう …… 048

Section 03 ホームページの背景を変更しよう……054
04 ホームページの土台をシンプルな状態にしよう……060
05 ホームページのタイトルを入力しよう……068
06 他のページを増やしていこう……070
07 追加したページに見出しをつけよう……076

トップページ編

第4章 トップページを作ろう

Section 01 この章で作るページを確認しよう……080
02 ホームページの顔となる画像を追加しよう……082
03 文章を追加しよう……088
04 文章の見た目を装飾しよう……092
05 コンテンツを横に並べて表示しよう……096
06 コンテンツのバランスを取ろう……102
07 サイドバーを整えよう……106
08 リンクを設定しよう……110
09 実際にどう見えているのか確認しよう……118

その他のページ編

第5章 他のページを作っていこう

Section 01 この章で作るページを確認しよう …… 122
02「基本情報」ページを作成しよう …… 124
03「プロフィール」ページを作成しよう …… 132
04「スケジュール・会費」ページを作成しよう …… 138
05「アクセス」ページを作成しよう …… 142
06「お問合せ」ページを作成しよう …… 146

仕上げ編

第6章 ホームページを仕上げよう

Section 01 ホームページ全体のデザインを整えよう …… 154
02 インターネットでページを検索してもらえるようにしよう …… 162
03 ホームページを更新しよう …… 168

Q&A編

付録 ホームページ作成　困った!解決Q&A

Section 01 ページの中に表を挿入したい……172
02 ホームページとFacebookを連携させたい……176
03 ホームページにパスワードを設定したい……180
04 メールアドレスやパスワードを変更したい……184
05 Jimdoのログインパスワードを忘れてしまった……186
06 ホームページを削除したい……188

索引……190

ご注意：ご購入・ご利用の前に必ずお読みください

- 本書に記載された内容は、情報提供のみを目的としています。したがって、本書を用いた運用は、必ずお客様自身の責任と判断によって行ってください。これらの情報の運用の結果について、技術評論社および著者はいかなる責任も負いません。

- ソフトウェアに関する記述は、特に断りのないかぎり、2018年2月15日現在での最新情報をもとにしています。これらの情報は更新される場合があり、本書の説明とは機能内容や画面図などが異なってしまうことがあり得ます。あらかじめご了承ください。

- 本書の内容については、以下のOSおよびブラウザー上で制作・動作確認を行っています。製品版とは異なる場合があり、そのほかのエディションについては一部本書の解説と異なるところがあります。あらかじめご了承ください。
  OS：Windows 10
  ブラウザー：Google Chrome

- インターネットの情報については、URLや画面などが変更されている可能性があります。ご注意ください。

以上の注意事項をご承諾いただいた上で、本書をご利用願います。これらの注意事項をお読みいただかずに、お問い合わせいただいても、技術評論社および著者は対処しかねます。あらかじめご承知おきください。

準備編

ホームページを作る前の準備をしよう

1

この章でできること

- ホームページの役割を知る
- ホームページとブログの違いを確認する
- Jimdoの特徴を知る
- Jimdoでホームページを作成する流れを知る
- ホームページを作る前の準備事項を確認する

ホームページってどんなもの?

- ホームページとは
- 基本情報
- ホームページとブログの違い

この本では、ホームページの作り方を解説していきます。作り始める前に、まずは「ホームページ」とは何のためにあるのか、ホームページとブログの違いなどを確認しましょう。

1 ホームページってどんなもの?

ホームページとは、たくさんの人に見てもらいたい情報を、インターネット上で公開しているものです。
そのため閲覧者にわかりやすく内容が伝わるよう、情報を整理して表示しておく必要があります。

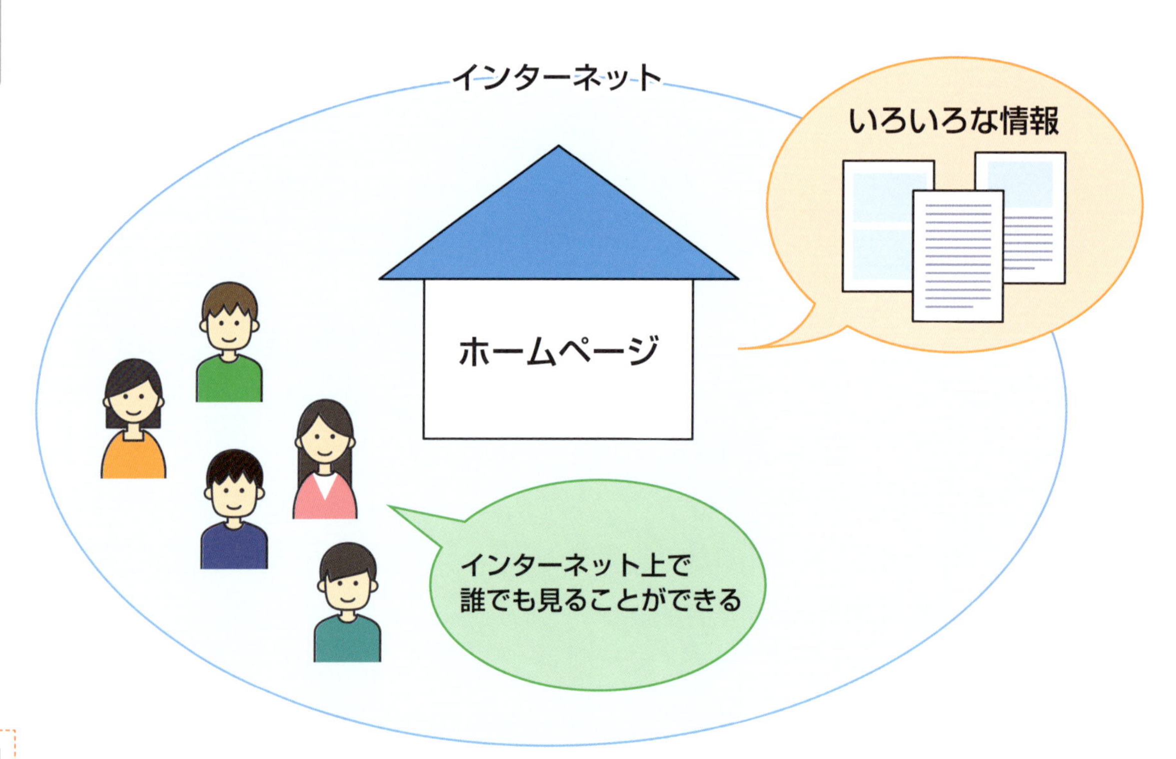

② ホームページとブログとの違い

● ホームページ

サークルや会社の基本情報（概要、スケジュール、交通アクセスなど）を整理して表示します。情報がひとつの場所にまとまっているので、知りたいことをすぐに見つけることができます。

● ブログ

活動日記や新しい情報などを載せる場所です。時系列順に記事が表示されます。最新情報を知りたいときには役立ちますが、記事の数が多いと、基本情報を見つけるのは大変な場合もあります。

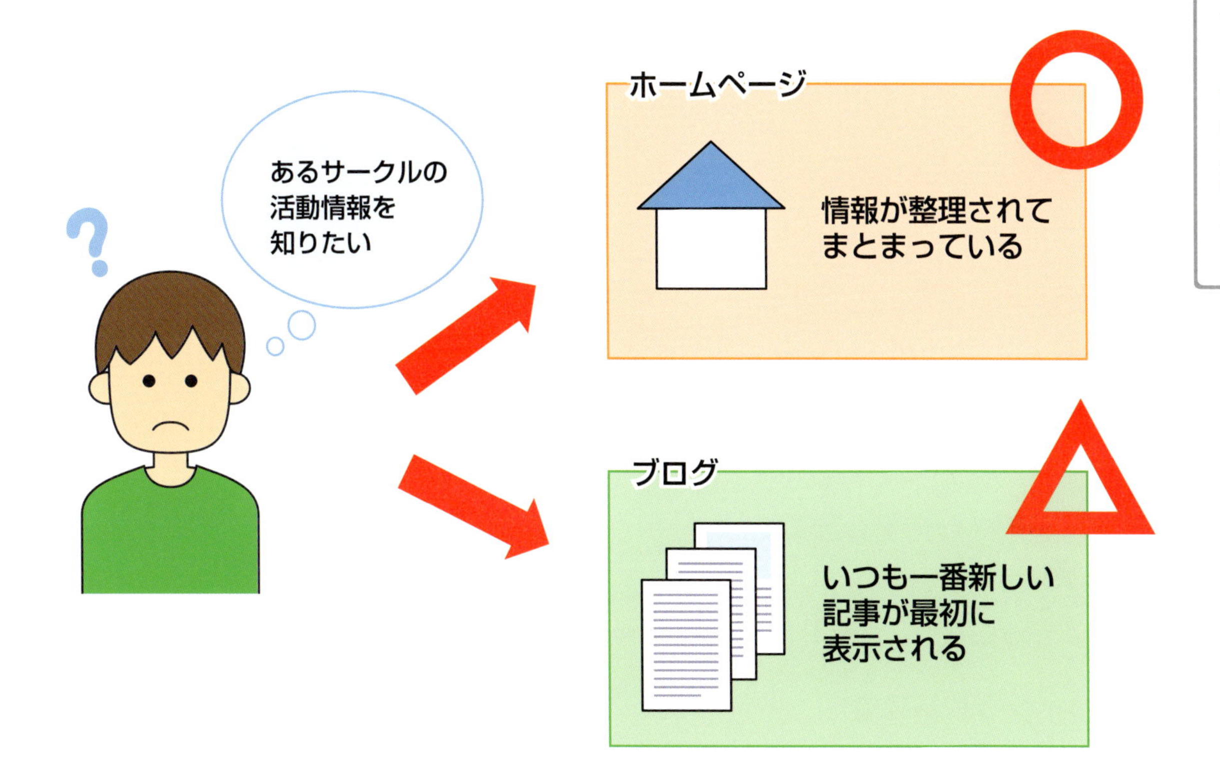

終わり

Jimdoでホームページを作る流れを知ろう

- Jimdo
- 有料版
- 無料版

この本は、ホームページを作るために、「Jimdo」というサービスを使用します。「Jimdo」の特徴と、ホームページを作成していく流れを確認していきましょう。

この本で使う「Jimdo（ジンドゥー）」とは

「Jimdo」とはインターネット上でホームページを作成できるサービスです。パソコンとインターネット環境があればホームページを作成することができます。
サーバーをレンタルしたり、ホームページ作成専用ソフトを購入したりする必要はありません。

Jimdoのここがすごい!

- 無料でホームページが持てる!
  ➤ 初期費用、月額費用無料で使えます（機能がより充実な有料版もあり）
- 操作がかんたん!
  ➤ 専門的な知識が無くてもホームページがつくれます
- スマホでも見やすい画面に自動変換!
  ➤ スマートフォンでも見やすいデザインに自動変換してくれます
- レイアウトが豊富!
  ➤ おしゃれなホームページができるテンプレートがそろっています

Jimdoのここがすごい!ここが便利!

実際にJimdoを使用している、中高年・シニアの方々の意見を聞いてみました。

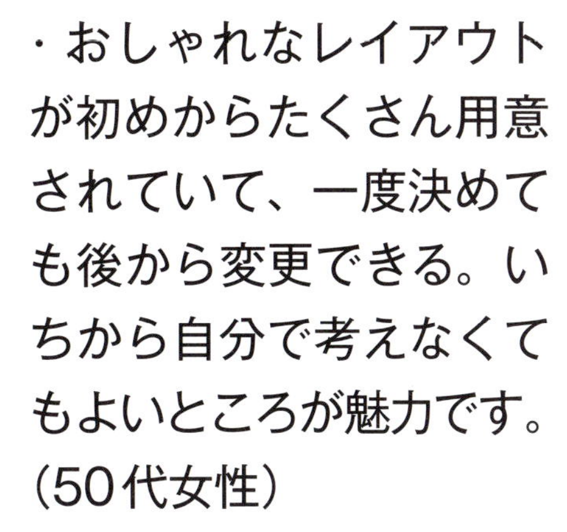

・おしゃれなレイアウトが初めからたくさん用意されていて、一度決めても後から変更できる。いちから自分で考えなくてもよいところが魅力です。(50代女性)

・Googleマップをページに載せたり、問合せフォームをかんたんに作れるところが良いです。(70代男性)

・文字入力と、画像やラインなどの挿入が分かれていて、シニアにはわかりやすかったです。(60代女性)

次へ

② Jimdo有料版と無料版の違い

Jimdoには、無料版と有料版があります。本書では、無料版を使って作成していきますが、有料版を使うこともできます。無料版から有料版にアップグレードもできます。それぞれの違いは、主に下記の通りです。

<table>
<tr><th></th><th>Jimdo Free
(無料版)</th><th>Jimdo Pro</th><th>Jimdo Business</th></tr>
<tr><td>プラン料金</td><td>0円</td><td>945円/月</td><td>2,415 円/月</td></tr>
<tr><td rowspan="2">ドメイン
(ホームページのアドレスのこと)</td><td rowspan="2">https://〇〇〇.jimdo.com
「jimdo」の文字が表示されるが、〇〇〇の部分は自由に設定できる</td><td>独自ドメイン
https://〇〇〇.com　等</td><td>独自ドメイン
https://〇〇〇.com等</td></tr>
<tr><td colspan="2">初年度無料。次年度からは別途ドメイン費用がかかります。年/1,620円(税込)~</td></tr>
<tr><td>データ容量</td><td>500MB</td><td>5GB</td><td>無制限</td></tr>
<tr><td>Jimdoの広告を非表示</td><td>×
ページの下に小さく表示されます</td><td>〇</td><td>〇</td></tr>
<tr><td>アクセス解析</td><td>×</td><td>〇</td><td>〇</td></tr>
</table>

(https://jp.jimdo.com/pricing/)

3 Jimdoを使ってホームページを作成する流れ

ホームページの「ホーム」という名前の通り、Jimdoでホームページを作成する時も家を作る工程と同じように進めていきます。本書では、以下のような流れでホームページを作ります。

土地を用意

第2章　Jimdoに登録しよう

家の土台、枠組みを作る

第3章　ホームページの土台を作ろう
（レイアウト、背景変更、ページの追加等）

家の入口、玄関を作る

第4章　トップページを作ろう

他の部屋を作る

第5章　他のページを作っていこう

家を整えて仕上げ、役所に届けを出す

第6章　ホームページを仕上げよう

終わり

準備編

Section 03

必要なものを準備しよう

- 必要な物
- 目的や内容
- ホームページアドレス

Jimdoでホームページを作る前に、必要な事を準備しておきましょう。Jimdoに登録する際に必要な情報をあらかじめ決めておくと、スムーズに登録することができます。

1 ホームページを作るのに必要なもの

①パソコン：インターネットに接続しておく
②ブラウザ：ホームページを閲覧するソフト
③ホームページに使う写真や画像

Chrome・Fire fox
推奨

コラム 使用するブラウザの種類

Jimdoでホームページを作る際のブラウザは、GoogleのChrome（クローム）を推奨しています。Internet Explorer（エクスプローラー）やMicrosoft Edge（エッジ）を利用していて不具合が発生する場合は、Chromeをダウンロードして使用することをおすすめします。
インターネットの検索バーに「https://www.google.co.jp/chrome」と入力して、ページを開き、Chromeをダウンロードしてください。

② 必要な情報を決めておく

ホームページを作る目的や、内容を決めておくとページ作成作業がスムーズに進みます。あらかじめ考えておくとよいでしょう。詳しくは、次ページも参照してください。

・ホームページを作る目的

例）サークルの活動内容のPR、新規会員募集

・ホームページの名前

例）「かもめフラワーサークル」

・表示したいページの内容

例）トップページ、サークルの概要、
　　講師プロフィールなど

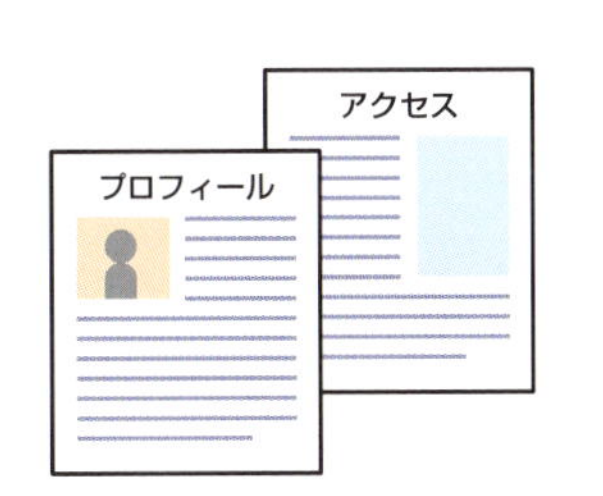

また、併せて、Jimdoに登録する情報を控えておきましょう。

・メールアドレス
・Jimdo用パスワード
・ホームページのアドレスの候補

コラム　ホームページのアドレス

ホームページのアドレスとは、インターネット上の住所のようなものです。Jimdoでは、「○○○.jimdo.com」の○の部分を自由に設定できますが、すでに同じアドレスが他の人に使われている場合は、使用できません。候補をいくつか考えておくとよいでしょう。

終わり

用意した情報をメモしておこう

前ページで解説した通り、ホームページの内容や、必要な情報はあらかじめ用意しておきましょう。さらに、メモして控えておくと、忘れないので安心です。

Jimdo でホームページを作成する前の準備

●ホームページを作る目的

●ホームページの名前

●表示したいページの内容（活動内容、スケジュール、お問合せなど）

Jimdo に登録する時に必要な事項

●メールアドレス、Jimdo 用パスワード

メールアドレス	
Jimdo に登録するパスワード（英数字 8 文字以上）	

●ホームページのアドレス候補

「○○○○.jimdo.com」の○の部分　小文字英数字（30 字まで）

※ハイフン（ - ）は使用可能、全角、ひらがな、カタカナ、カンマ、ドット（, .）など使用不可

	候補アドレス
第 1 候補	
第 2 候補	
第 3 候補	

・決定した自分のホームページアドレス

https://　　　　.jimdo.com

登録編

Jimdoを使い始めよう

この章でできること

- Jimdoに登録する流れを確認する
- Jimdoに登録する
- Jimdoの画面構成を確認する
- Jimdoへのログイン方法を確認する
- ログアウト方法を確認する

登録編

Section 01

Jimdoに登録しよう

- Jimdoに登録
- アカウント作成
- メール確認

Jimdoでホームページを作成するためには「登録」作業が必要です。登録作業は短時間で終えることができますが、ある程度時間に余裕を持って登録開始しましょう。

登録作業の流れ

Jimdoで登録を終えるまでの流れは以下の通りです。インターネットへの接続が安定している環境で登録を行いましょう。

1. ブラウザを起動し、Jimdoのホームページを開く
2. 必須項目を入力し登録していく
3. ホームページアドレスを設定する
4. 登録されたホームページが表示される
5. Jimdoからのメールを受信しメールアドレスを確定する
6. ホームページが正式に登録される

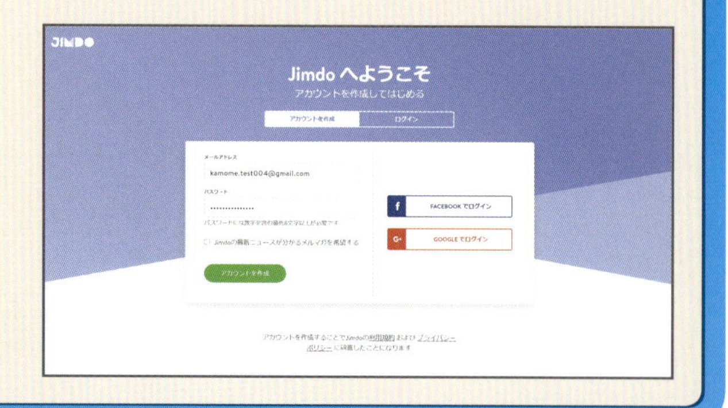

第2章 Jimdoを使い始めよう

1 Jimdoのホームページを開きます

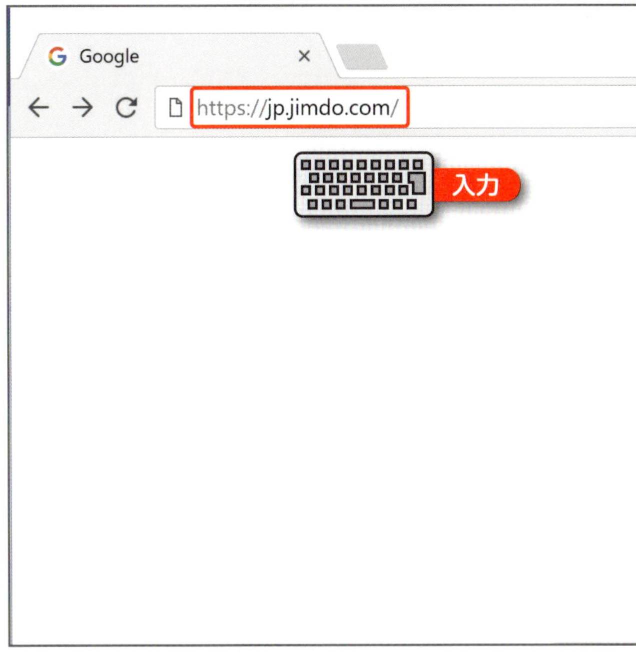

ブラウザーを起動して、アドレスバーに「https://jp.jimdo.com/」と半角英数字で**入力**し、Enterキーを押します。

ポイント

検索して表示する場合、「Jimdo　ホームページ作成」と検索し、「Jimdo:ホームページ作成サービス」をクリックします。

Jimdoのページが表示されたら

を**クリック**します。

次へ

② 必要事項を入力して登録します

Jimdoのアカウントを作成します。登録する「メールアドレス」と「パスワード」を**入力**し、

を**クリック**します。

ポイント

「利用規約」「プライバシーポリシー」を確認しておきましょう。

「ホームページ」の

ホームページをはじめる

を**クリック**します。

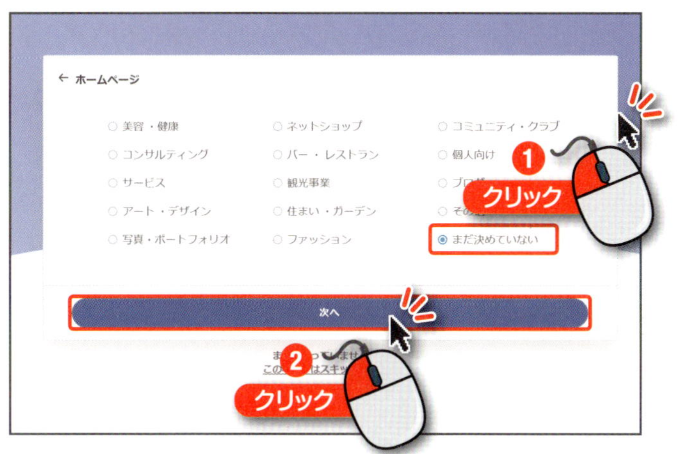

ホームページの種類が表示されます。ここでは「まだ決めていない」を選択し、次へをクリックします。

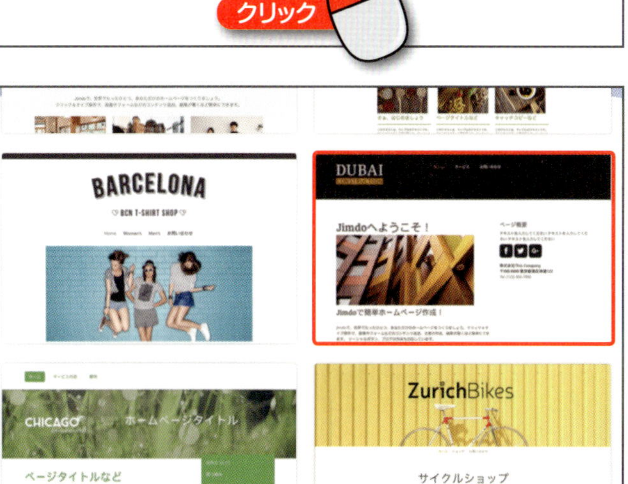

ホームページのレイアウト一覧が表示されます。レイアウトは後から自由に変更できます。ここでは「ＤＵＢＡＩ」というレイアウトを選択します。

レイアウト「DUBAI」の上にマウスポインタを合わせ、

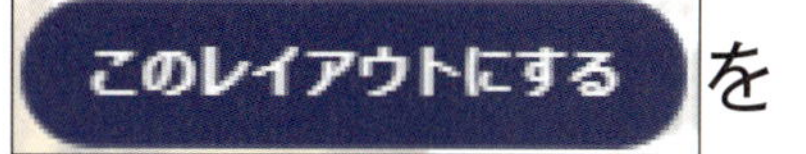

をクリックします。

料金プランが表示されます。今回はFREEの このプランにする をクリックします。

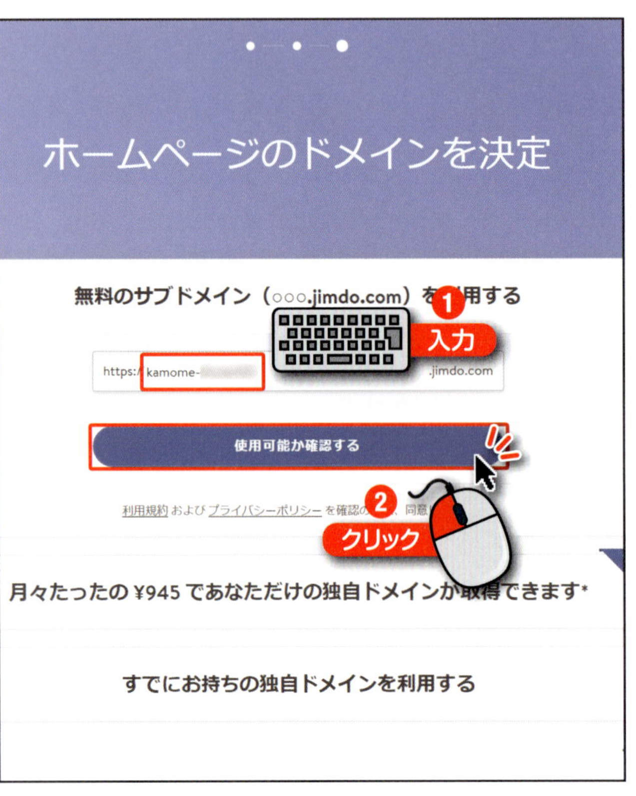

28ページで考えた、希望するホームページアドレスを入力し、

をクリックします。

ポイント

「このホームページアドレスは既に使用されています」と表示された場合は、別の候補を入力しましょう。

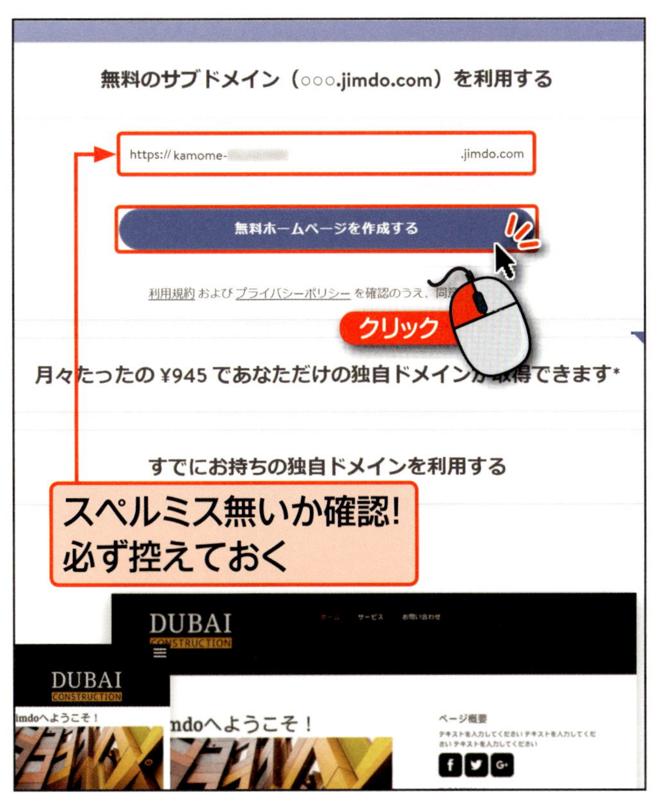

アドレスが利用可能な場合は 無料ホームページを作成する と表示されます。その上を**クリック**  します。

ポイント

「利用規約」「プライバシーポリシー」を確認しておきましょう。

Jimdoへの登録が完了し、ホームページ編集画面が表示されます。

次へ

3 Jimdoからのメールを確認します

ホームページが登録されると、間もなく登録したメールアドレスにJimdoからメールが届きます。このメールから操作を行うことで正式に登録完了となります。

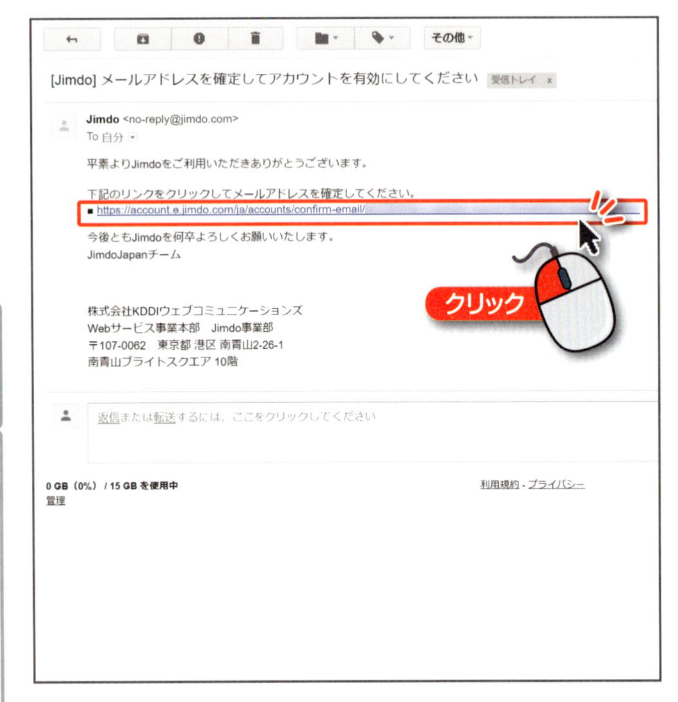

メールソフトを起動し、登録したメールアドレスに届いている「Jimdo」からのメールを開きます。本文にあるリンクを**クリック**します。

ポイント

メールが届かない場合、「迷惑メール」フォルダに受信されていないか確認しましょう。

確定されました

メールアドレスが確定されました

ログイン画面へ

クリック

正式に登録が確定されました。

を**クリック**  します。

「ログイン」画面が表示されます。

ホームページを編集するには「ログイン」して作業を行います。この操作は、41ページで解説します。

終わり

ログインした後の画面について

ホームページをクリックすると編集画面が表示される

36ページの方法で、Jimdoから届いたメールを確認し、「ログイン画面へ」をクリックすると、左のような画面が表示されることがあります。これは「ダッシュボード」画面で、すでにJimdoにログインしていると表示されます。ダッシュボード画面の詳細については、40ページで解説します。

Jimdoの画面を確認しよう

- Jimdoの画面構成
- 管理メニュー
- 管理メニューを閉じる

これからJimdoでホームページを作成していくために、Jimdoの画面構成を確認しておきましょう。様々な設定を行う「管理メニュー」の内容も確認します。

Jimdoの画面構成

33ページで選んだレイアウトの種類によって、各エリアの表示位置は異なります。

❶管理メニュー ❷ナビゲーション ❸ヘッダー ❹メインエリア
❺フッター ❻プレビュー

画面の構成について

❶管理メニュー	ホームページの様々な設定や編集を行うメニュー
❷ナビゲーション	他のページへ移動するための各ページのタイトルが表示されています
❸ヘッダー	ホームページのタイトルやロゴを表示するエリア
❹メインエリア	各ページの内容が表示されるエリア、このエリアに写真や文章を入力してページを作り込んでいきます
❺フッター	各ページの下部に表示されるエリア、「ログイン」ボタンなどが表示されています
❻プレビュー	編集中のホームページが実際にどのように表示されているか確認する画面を表示します（詳細は118ページ参照）

終わり

コラム 管理メニューの内容

管理メニューをクリックすると、下記のようなメニューが表示されます。

❶ kamome.test008@...
KA ダッシュボード
❷ デザイン
❸ ショップ
❹ ブログ
❺ パフォーマンス
❻ ドメイン・メール
❼ 基本設定
❽ お問い合わせ
❾ ポータル

❶アカウント：ダッシュボード画面を表示します
❷デザイン：ページのレイアウトやスタイルの変更を行います
❸ショップ：ネットショップを作成する機能です
❹ブログ：ホームページ内にブログのページを作ります
❺パフォーマンス：検索エンジンの設定などを行います
❻ドメイン・メール：ホームページアドレスやメールの設定画面を開きます
❼基本設定：ホームページを管理するための様々な設定を行います
❽お問い合わせ：Jimdoのサポートへ直接問合せできます（有料版のみ）
❾ポータル：Jimdoの利用方法や、よくある質問を確認できます

Jimdoの開始と終了方法を知ろう

- ログイン・ログアウト
- ダッシュボード
- プロフィール

Jimdoでホームページを編集するには、「ログイン」画面でログインし、編集するホームページを選択します。編集を終了する際には「ログアウト」の操作を行います。

「ダッシュボード」について

ログイン後表示される画面を「ダッシュボード」といいます。ここから編集するホームページを選択していきます。Jimdoではホームページを複数登録することもでき、この画面でまとめて管理することができます。

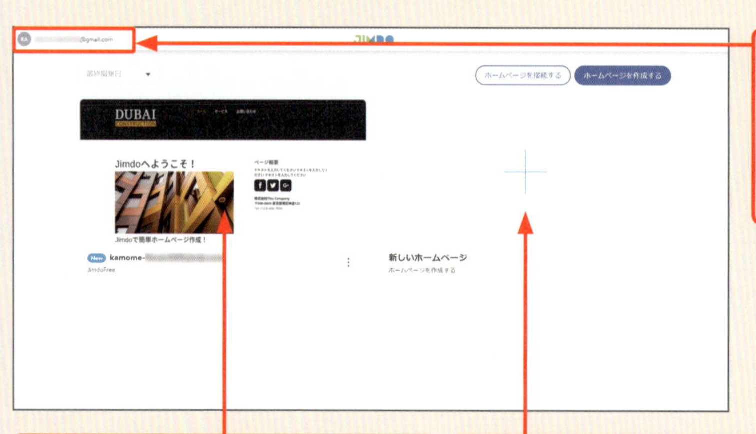

アカウント名「プロフィール」を表示します（184ページ参照）

クリックするとホームページ編集画面が表示されます

新たに別のホームページを作成するときに使用します（今回は使用しません）

1 「ログイン」画面を表示します

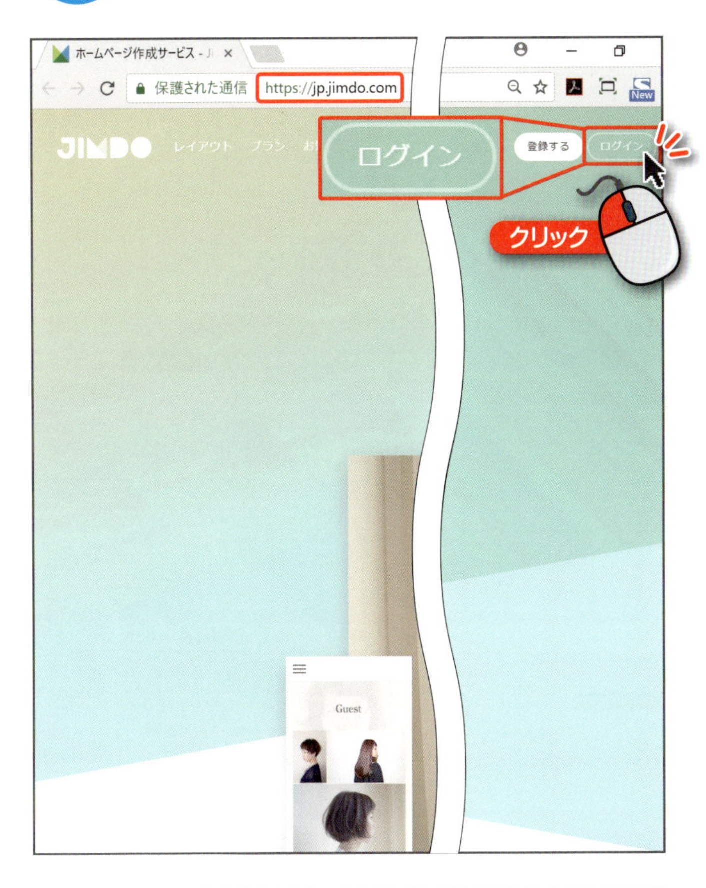

Jimdoのページ(https://jp.jimdo.com)にアクセスし、

右上の ログイン を

クリック します。

「ログイン」画面が表示されます。

次へ

② Jimdoにログインします

Jimdoに登録した「メールアドレス」と「パスワード」を

入力  し、

 を

クリック しします。

「ダッシュボード」が表示されます。

編集するホームページを

クリック  します。

ホームページが、編集可能な状態で表示されます。

第3章以降、この編集画面を表示してホームページを作成していきます。

3 Jimdoからログアウトします

ホームページの編集が終了したら、「ログアウト」します。
編集していたホームページの画面右下の ログアウト を

クリック  します。

ログアウトが完了し、再びログインページが表示されます。

編集する場合は再び「ログイン」しましょう。

終わり

コラム ホームページの画面からログインするには

自分のホームページを表示している場合でも、そこからログイン画面を表示することができます。

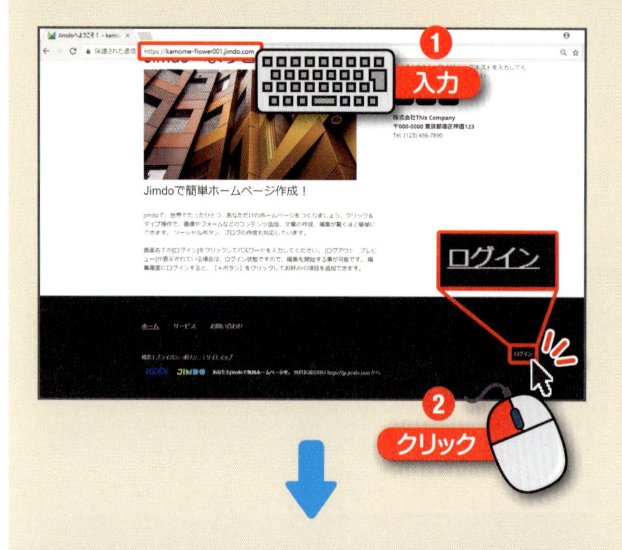

1

アドレスバーに自分のホームページアドレスを**入力**し、Enter キーを押してホームページを表示します。

画面右下の ログイン を**クリック**します。

2

ログイン画面が表示されます。42ページの方法でログインします。

3

Jimdoにログインできました。

第2章 Jimdoを使い始めよう

レイアウト編

ホームページの土台を作ろう 3

この章でできること

- レイアウトを変更する
- 背景を変更する
- コンテンツの追加と削除方法を知る
- ホームページタイトルを入力する
- ページの追加と削除方法を知る

この章で行うことを確認しよう

第3章ではホームページの土台作りをしていきます。サンプルで必要のないものは整理してページの土台を作っていきましょう。この節ではこの章で行うことの流れを説明します。

1 ホームページの見た目や内容を整えていきます

作りたいホームページの用途に合ったレイアウト、イメージに合った背景を設定していきます。

ページに文章や写真を追加するときに必要な、「コンテンツ」の種類と追加方法を確認します。

2 サンプルの写真や文章を削除します

サンプルで表示されている写真や文章を削除して、トップページを整理します。

ポイント

最初から用意されているサンプルを書き換えて利用することができますが、今回はサンプルは削除して新しく追加していきます。

3 サンプルページの削除とページの追加をします

ページの追加や削除は「ナビゲーションの編集」画面で行います。

終わり

レイアウト編

Section 02

ホームページのレイアウトを変更しよう

- レイアウト選び
- おすすめレイアウト
- レイアウト変更

まずはホームページの見た目を変えてみましょう。ホームページの「レイアウト」を変更することで、ホームページの印象が、がらりと変わります。

「レイアウト」ってなに？

レイアウトとはホームページのデザインのことです。Jimdoではホームページの背景やロゴ、その他の配置がそれぞれ決まったデザインで、「レイアウト」として設定されています。多数のレイアウトの種類から、自由に選んで変更することができるので、自分のホームページの用途に合ったレイアウトを設定しましょう。

いろいろなレイアウトから選ぶことができる

1 レイアウトの一覧を表示します

ホームページの編集画面を表示しています。「管理メニュー」を

クリック  し、 を

クリック  します。

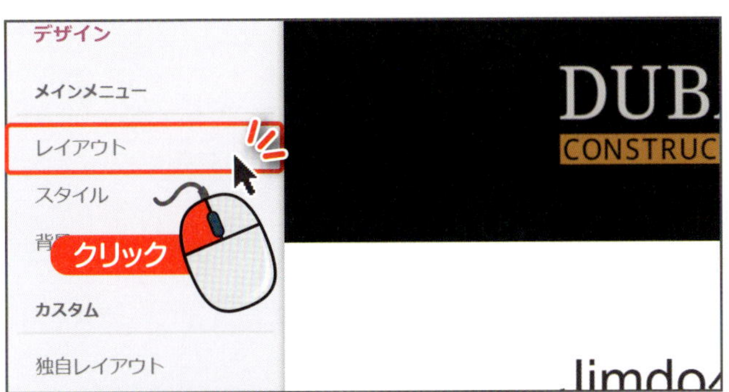

メインメニューから レイアウト を

クリック  します。

レイアウトの一覧が表示されます。
左端には現在のレイアウトが表示されています。

右側の▶をクリックすると、一覧をスクロールして見ることができます。

次へ

2 レイアウトを選択します

設定したいレイアウトにマウスポインタを合わせ、プレビューをクリックします。

ポイント

レイアウトの名前は、各国の都市名でアルファベット順になっています。

画面下に選択したレイアウトのプレビューが表示されます。

保存をクリックすると、レイアウトが保存されます。

ポイント

デザインがイメージに合わない場合、「やり直す」をクリックして選び直します。

3 レイアウトの変更を確認します

画面右上の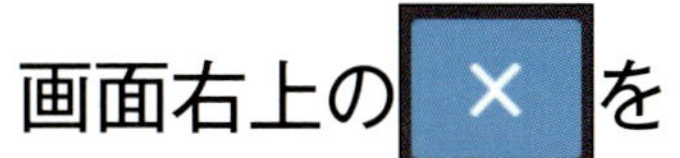をクリックして、設定画面を閉じます。

レイアウトが変更されました。

ポイント

背景の設定は54ページで行います。

終わり

コラム レイアウトを選ぶときのポイント

この節では、「Amsterdam」(アムステルダム)というレイアウトを選んで解説しましたが、他のレイアウトを選ぶこともできます。レイアウトを選ぶときのポイントについて、紹介します。

ポイント❶:サイドバーを使うか、使わないか決める

サイドバーは画面片側に表示される縦長の領域です。サイドバーの内容はすべてのページで表示されるため、注目してもらいたい情報などを表示するのに便利です。

ポイント❷:背景の位置を決める

ホームページの「背景」として表示する写真や色の配置を決めます。ヘッダー(ホームページの上部)か、画面全体か、どちらに表示させたいか考えましょう。

●ポイント別おすすめレイアウト

サイドバー	背景の位置	用途	おすすめレイアウト名
あり	ヘッダー	注目情報をサイドバーに表示し、背景はヘッダー部分に表示	Amsterdam (アムステルダム)
	画面全体	注目情報をサイドバーに表示し、背景を画面全体に大きく表示	San Francisco (サンフランシスコ) St-Peterburg (サンクトペテルブルグ)
なし	ヘッダー	メイン画面を広く使用し、背景はヘッダー部分に表示	Zurich (チューリッヒ)
	画面全体	メイン画面を広く使用し、背景を画面全体に大きく表示	Berlin (ベルリン)

※サイドバーの位置が左か右かは、基本的にレイアウトによって固定されています。

レイアウトを変更すると、ホームページの雰囲気も変わります。

Amsterdam
サイドバー：あり
背景：ヘッダー

San Francisco
サイドバー：あり
背景：画面全体

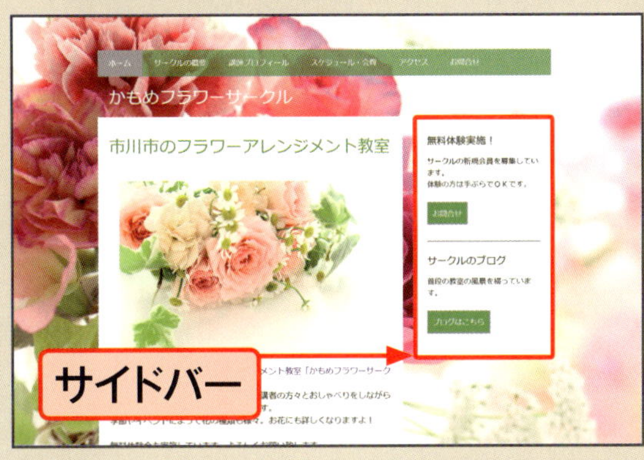

Zurich
サイドバー：なし
背景：ヘッダー

Berlin
サイドバー：なし
背景：画面全体

ホームページの背景を変更しよう

- ホームページの背景
- 背景に色を設定
- 背景に写真を設定

レイアウトの変更後、背景に好きな画像や色を設定することで、自分のホームページの雰囲気に合ったデザインに設定することができます。

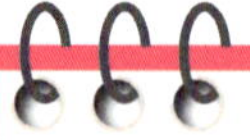

ホームページに背景を設定する

背景が表示される位置は、設定したレイアウトによって異なります。ホームページに合った写真や色を設定して個性を出してみましょう。

背景に色を設定

背景に写真を設定

第3章 ホームページの土台を作ろう

1 背景の設定画面を開きます

管理メニューを

クリック  し、

デザイン を

クリック  します。

メインメニューから

背景 を

クリック  します。

背景の設定画面が開きます。

 を

クリック  します。

次へ

2 背景に色を設定します

背景の種類の一覧が表示されます。

を

クリック  します。

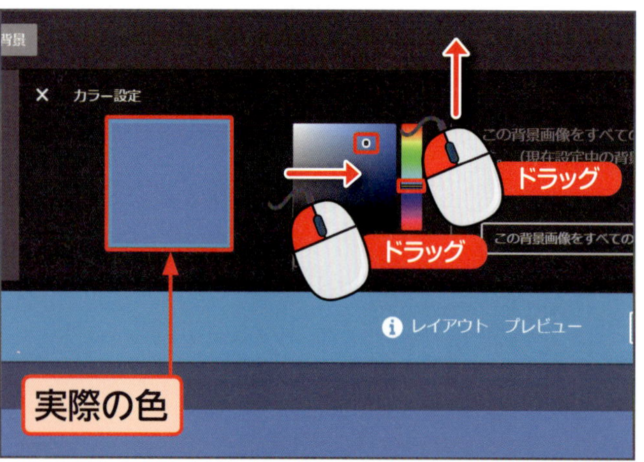

表示されたカラーパレットを、それぞれ、

ドラッグ して、

色合いを調整します。

左側には実際の色が表示されます。

設定する色が決まったら

この背景画像をすべてのページに設定する を

クリック します。

第3章 ホームページの土台を作ろう

画面下に背景のイメージが表示されます。

を

クリック して保存します。

ポイント

イメージと違う場合は「やり直す」をクリックして、設定し直します。

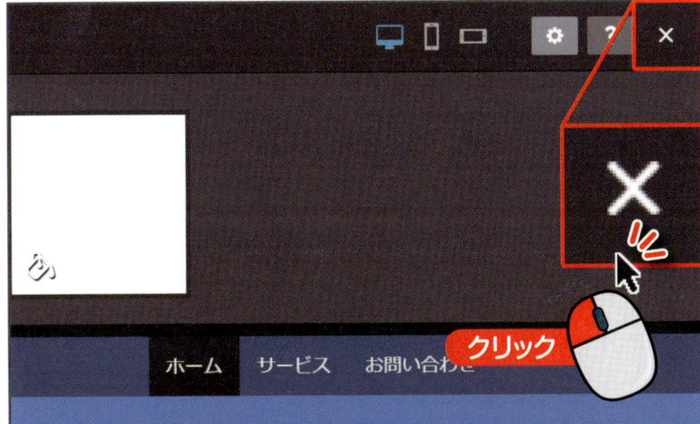

右上の ✕ を

クリック して設定画面を閉じます。

背景に色が設定されました。

次へ

3 背景に写真を設定します

次は背景に写真を設定してみましょう。
55ページの方法で背景の種類の一覧を開き、をクリックします。

パソコンの中から背景画像に設定する写真を表示し、ダブルクリックします。

写真が挿入されます。

背景に表示させたい部分を上下に動かして設定することができます。

56ページと同じように、

をクリックし、保存して閉じます。

背景に画像が設定されました。

終わり

コラム　スライドショー形式の背景写真

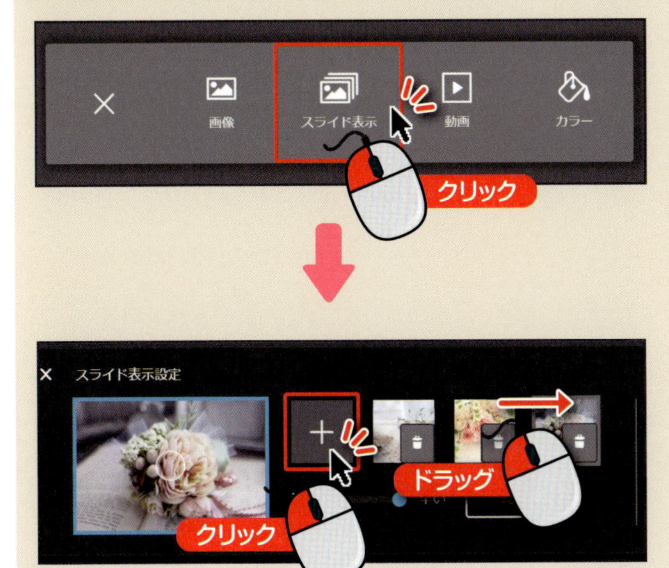

写真が次々に移り変わって表示される、スライドショー形式で、背景の写真を設定することもできます。
写真の順序はドラッグで変更できます。

レイアウト編

Section 04

ホームページの土台をシンプルな状態にしよう

- コンテンツの追加
- コンテンツの削除
- 見出しコンテンツの追加

レイアウトと背景を設定したら、ページの中身を整理していきます。Jimdoであらかじめ表示されているサンプル写真や文章を削除して、トップページをシンプルな状態にしていきます。

「コンテンツ」って何?

Jimdoで文字や写真を追加するには、直接ページの上に書くのではなく、文章を挿入する枠、写真を挿入する枠などを用意し、その中に入力していきます。このそれぞれの役割を持った枠のことを「コンテンツ」といいます。用途に応じたコンテンツを追加して、ページを作り込んでいきます。

見出しコンテンツ

❶コンテンツの移動：コンテンツを上又は下に移動します
❷コンテンツの削除：不要なコンテンツを削除します
❸コンテンツのコピー：コンテンツをコピーします

1 コンテンツの追加方法を確認します

まずはコンテンツの追加方法を確認しましょう。ホームページの編集画面で、ページ内の文章や写真を追加する付近にマウスポインタを置き、と表示されたら、その上を**クリック**  します。

コンテンツの一覧が表示されます。
さらに隠れているコンテンツを表示する場合は、••• その他のコンテンツ＆アドオン を**クリック**  します。

次へ

全てのコンテンツの一覧が表示されます。
コンテンツを選択して追加できます。
上の  を
クリック  すると、一覧が閉じます。

コラム　コンテンツの種類

使用できるコンテンツには、主に以下のようなものがあります。

名前	説明
見出し	見出しを追加します。「大、中、小」のサイズで表示できます
文章	文章を追加します。文字の大きさや色の変更、文字にリンクを設定することもできます
画像	写真を挿入します。挿入した画像を加工することもできます
画像付き文書	写真と文章をセットで表示できます
フォトギャラリー	複数の写真をまとめて表示します。スライドショー形式で表示することもできます
水平線	コンテンツを仕切るための線を挿入できます
余白	コンテンツとの間に余白を設定できます
カラム	コンテンツを横に並べ、組み立てて表示することができます
ボタン	リンクさせるボタンを作成できます
シェアボタン	様々なSNSとシェアできるボタンを追加できます
Googleマップ	地図を挿入できます
フォーム	お問合せを受けるためのフォームを挿入できます
表	表を挿入できます

2 不要なコンテンツを削除します

すでに入っている不要なコンテンツを削除していきましょう。
削除するコンテンツの上にマウスポインタを置き、を

クリック  します。

を

クリックします。

コンテンツが削除されました。

ポイント

削除したコンテンツは元に戻すことはできません。

次へ

その他のコンテンツも同じように削除していきましょう。

ポイント

サイドバーがあるレイアウトの場合、中のコンテンツは後で削除するので残しておきます。

ページ内のサンプルコンテンツが全て削除されました。

ポイント

ページ内にコンテンツが何も無い状態だと、「定型ページを利用する」の枠と「+コンテンツを追加」が表示されます。

コラム サイドバーが無いレイアウトの場合

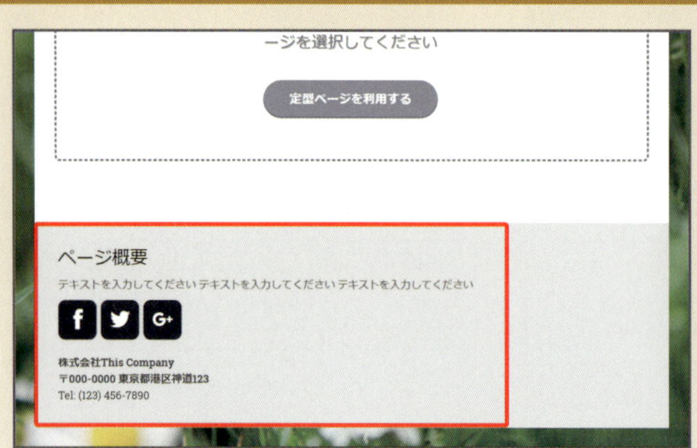

サイドバーが無いレイアウトを設置している場合、ページフッター部分にサンプルコンテンツが表示されています。その部分のコンテンツも削除しておきましょう。

3 トップページの見出しを追加します

ページ内をまっさらな状態にしたら、各ページの内容ごとのタイトルとして、見出しを付けていきましょう。

を

クリック  します。

ポイント

「定型ページ」は利用しません。「＋コンテンツを追加」をクリックすると定型ページの枠は消えます。

コンテンツの一覧から、

を

クリック  します。

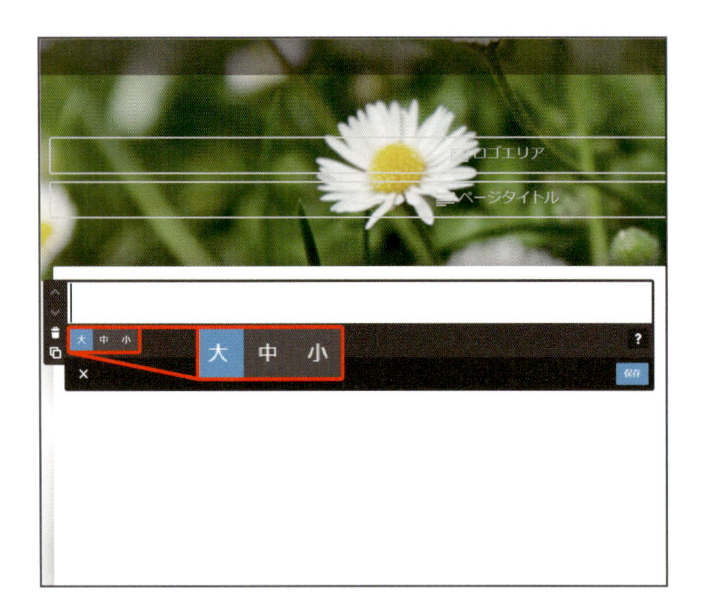

見出しコンテンツが表示されます。
見出しサイズは「大、中、小」の設定ができます。

見出しサイズが「大」になっているのを確認し、ページの見出しを入力して  を
クリック  します。

見出しが追加されました。

終わり

コラム 「ロゴエリア」と「ページタイトル」

既存のロゴを削除すると「ロゴエリア」という枠が表示された状態になります。この枠はこれ以上削除できませんが、実際の画面では表示されないので、使わない場合はこのままの状態にしておきます。
自分のホームページの「ロゴ」画像を使用する場合は、このエリアにロゴを挿入して使います。挿入方法は画像を挿入する方法と同じです（83ページ参照）。
「ページタイトル」も同様で、未記入の場合でも実際に枠は表示されません。レイアウトの種類によっては、「ロゴ」や「ページタイトル」の表示が最初から無いものもあります。

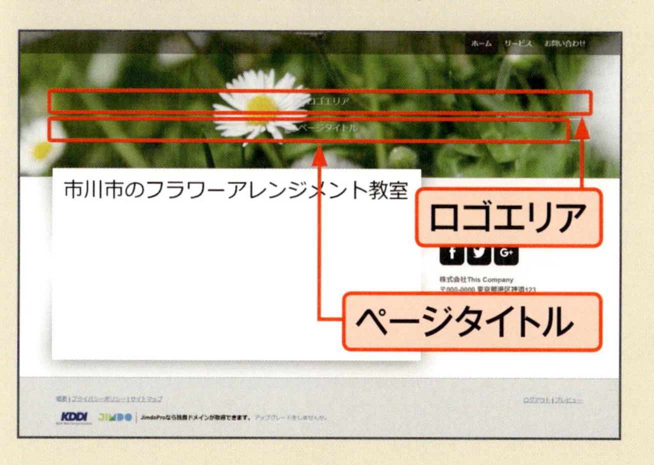

●編集画面

ページの編集を行っている画面では、「ロゴエリア」や「ページタイトル」の枠が表示されています。

●実際の画面

実際にホームページを見てみると、「ロゴエリア」や「ページタイトル」の枠は表示されていません。

レイアウト編

Section 05

ホームページのタイトルを入力しよう

- ホームページタイトル
- タイトルの付け方
- タイトルの入力

ホームページの名前を入力しましょう。なお、レイアウトの種類によっては、タイトルの表示場所が違ったり、ページタイトルエリアがないものもあります。

ホームページタイトルについて

ホームページタイトルは全てのページの同じ場所に表示されます。そのため、見る人が何のホームページを表示しているのかがわかるように、会社名やサークルの名前などを入力するのが良いでしょう。
なお、レイアウトの種類によってはページタイトルの設定が無いものもあります。その場合は「見出し」コンテンツに入力しましょう。

1 ホームページのタイトルを入力します

画面上部の

(または「ホームページタイトル」)を

クリック  します。

タイトルを入力し、保存を

クリック  します。

ホームページのタイトルが入力されました。

ポイント

タイトルの文字の色はレイアウトの種類によって異なります。色を変更することもできます(157ページ参照)。

終わり

レイアウト編

Section 06

他のページを増やしていこう

- ナビゲーション
- ページの削除
- ページの追加

トップページが整理できたら、他に必要なページを追加していきましょう。Jimdoでページを追加したり削除したりするには、「ナビゲーション」メニューを編集して行います。

ページの削除と追加について

Jimdoではあらかじめサンプルとしていくつかのページが挿入されています。前項で見出しを追加した、トップページ「ホーム」以外のサンプルページを削除して、新たに必要なページを追加していきましょう。

●ナビゲーションの編集画面

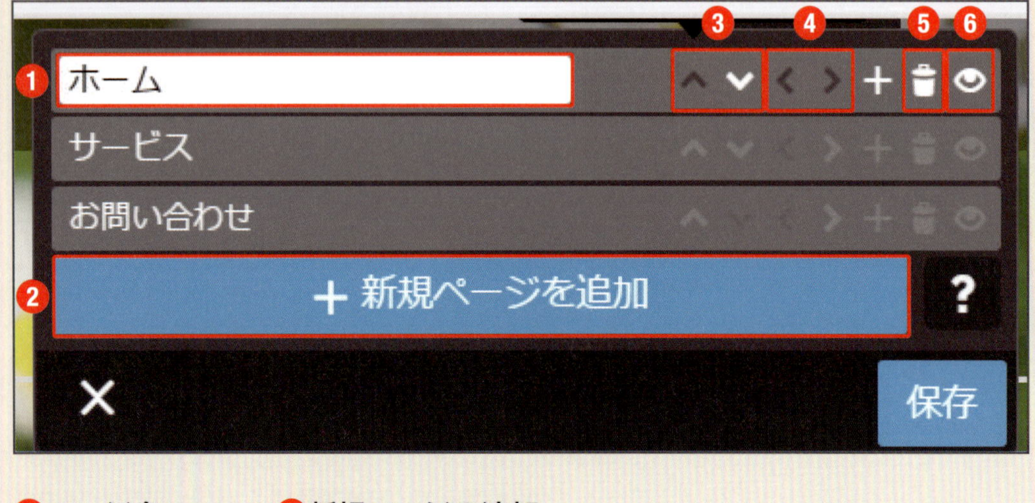

1. ページ名
2. 新規ページの追加
3. ページ順変更
4. ページ階層設定
5. ページの削除
6. ページの表示非表示切り替え

1 ナビゲーションの編集画面を開きます

ナビゲーションメニューに表示されている「ホーム」以外のサンプルページを削除しましょう。

ポイント

ナビゲーションの位置はレイアウトの種類によって異なります。

ナビゲーションメニューの上にマウスポインタを置き、 ナビゲーションの編集 を**クリック**します。

ナビゲーションの編集画面が表示されます。

次へ

2 ページを削除します

削除するページ名の上にマウスポインタを置き、を**クリック**します。

表示されたメッセージの はい、削除します を**クリック**します。

ポイント

削除したページは元に戻すことはできません。

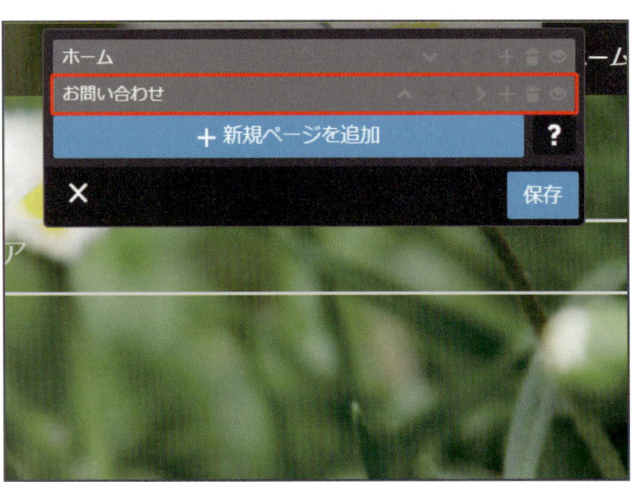

ページが削除されました。
同じように「ホーム」以外のページを削除します。

3 新規ページを追加します

必要なページを追加していきます。
ナビゲーションの編集メニューの

+ 新規ページを追加 を

クリック します。

新規ページが追加されます。

次へ

4 ページを追加して保存します

追加するページ名を

入力  します。

ポイント

ページ名は後で変更できます。

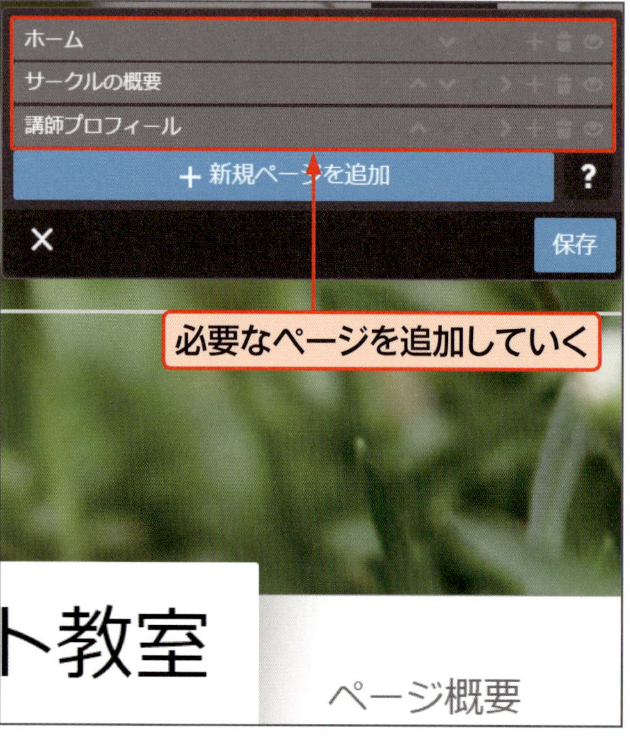

繰り返し「＋新規ページ追加」からページを追加していきます。

ポイント

28ページで準備した、ページの内容を参考に追加していきましょう。

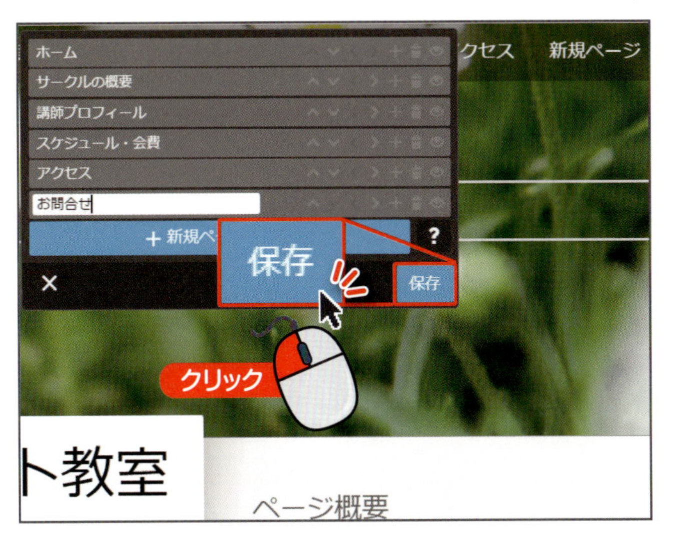

ページをすべて追加したら、をクリックします。

ページが追加されました。

終わり

コラム ページの順序変更

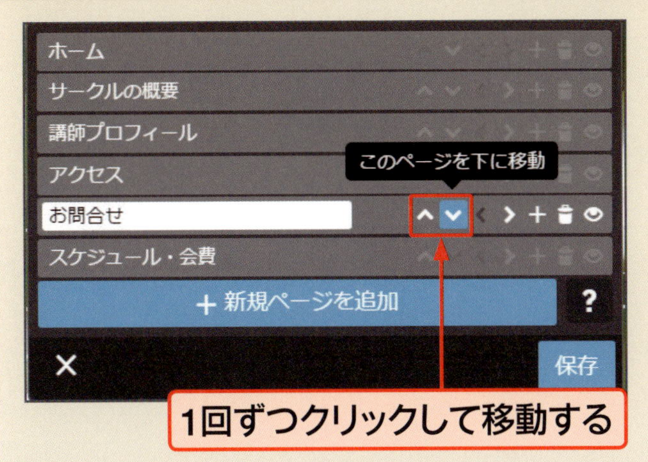

ページの表示順を変更するには、「ナビゲーションの編集」画面で行います。

レイアウト編

Section 07

追加したページに見出しをつけよう

- ページ切替
- 見出し追加
- 土台完成

前節で新しく追加したページはまだ白紙の状態です。各ページに「見出し」を追加して、ホームページの土台を完成させましょう。

ページの表示切替について

新しく追加したページは、ナビゲーションメニューにページ名が一覧で表示されます。一覧からページ名をクリックすると、各ページの内容が表示されます。
表示したページの内容が一目でわかるように、各ページに見出しを追加しましょう。

1 各ページに見出しを追加します

ナビゲーションメニューに表示されているページ名を**クリック**して、ページを切り替えます。

を**クリック**します。

コンテンツの一覧からを**クリック**します。

見出しを**入力**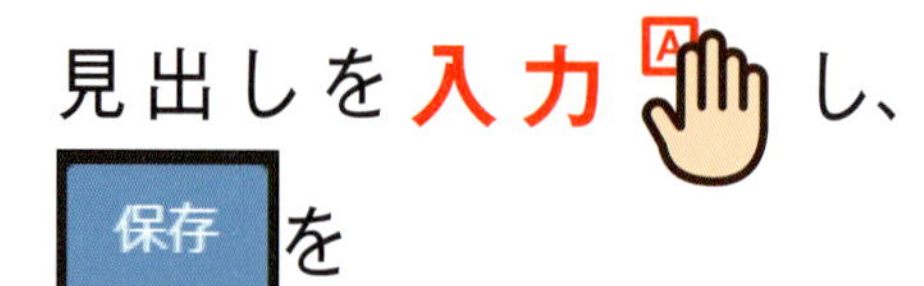し、保存をクリックします。

ポイント

見出しには各ページの名前と同じものをつけてもよいでしょう。

見出しが追加されました。
他のページも同じように見出しを追加していきましょう。

終わり

コラム ホームページの土台の完成

この章では、サンプルで入っていたコンテンツやページを削除して、見出しを付けたり、必要なページを追加しました。第4章以降では、トップページや、それぞれのページの中身を作り込んでいきます。

トップページ編

トップページを作ろう

この章でできること

- 画像を追加する
- 文章を追加する
- カラムを追加する
- 余白と水平線を追加する
- リンクを設定する

トップページ編

Section 01

この章で作るページを確認しよう

- トップページの役割
- 完成例
- 作成手順

ホームページの土台ができあがったら、各ページの作成に入ります。まずホームページで最初に表示される、トップページを作成しましょう。

トップページとはどんなもの?

トップページは、ホームページの「入口」となるページです。ホームページを訪れた人に対して、「どんな内容のホームページなのか」を示す看板のような役割があります。

1 トップページを作る流れ

この章では、以下のような流れでトップページを作っていきます。あらかじめ、「ホーム」画面を表示しておきましょう。

・**作業の流れ**

❶画像の追加
（82ページ）

❷文章の追加
（88ページ）

❸コンテンツを横に並べて表示
（96ページ）

❹余白、水平線追加
（102ページ）

❺サイドバーを整える
（106ページ）

❻リンクを設定
（110ページ）

終わり

Section 02

ホームページの顔となる画像を追加しよう

- 画像の追加
- サイズ変更
- 配置変更

まずは、トップページのメインとなる画像を追加します。ホームページを見に来た人に、何のホームページなのか内容を伝えられるような画像を選びましょう。

画像を追加する方法

Jimdoでは、画像を追加できるコンテンツの種類が3つあります。用途に合わせてコンテンツを使い分けて追加しましょう。

・「画像」
画像を一枚だけ追加する

・「フォトギャラリー」
(125ページ)
画像を２枚以上追加する

・「画像付き文章」
(133ページ)
画像と文章を並べて表示する

講師：市川　華子
千葉県市川市出身
フラワーアレンジメント教室講師歴１５年
実家が花屋だったため、小さいころから花に囲まれて育つ。
大学でデザインについて学び、卒業後実家の花屋を手伝いながらフラワーアレンジメントの技術を習得する。
実家の花屋を改装し、直営のフラワーアレンジメント教室を開講している。

1 メイン画像を追加します

ホームページの編集画面で、画像を追加する場所にマウスポインタを合わせ、＋ コンテンツを追加 をクリックします。

表示されたコンテンツの一覧から、

を**クリック**  します。

「ここへ画像をドラッグまたはここをクリックして追加」を**クリック**  します。

画像を直接ドラッグして追加もできます。

次へ

自分のパソコン上で、追加する写真の場所を開き、追加する写真の上を**ダブルクリック**します。

画像が追加されました。

ポイント

画像データサイズが大きい場合、表示されるまで少し時間がかかります。

コラム　画像データサイズとファイル形式について

追加する画像データサイズが大きい場合、「画像をアップロード中」と表示され、表示されるまで少し時間がかかります。全ての画像コンテンツでアップロード可能な画像データサイズは1枚10MBまで、ファイル形式は、png、jpg、またはgifとなっています。ですが、サイズの大きい画像を載せすぎてしまうとサイトが重くなり、表示するのに時間がかかってしまうことがあります。画像データの大きさには気を付けて使用しましょう。

2 画像の大きさを変更します

画像を選択して四隅に表示される

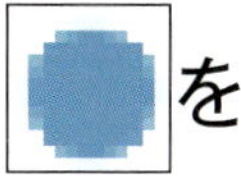を

ドラッグして、大きさを変更します。

ポイント

＋ －クリックしても変更できます。

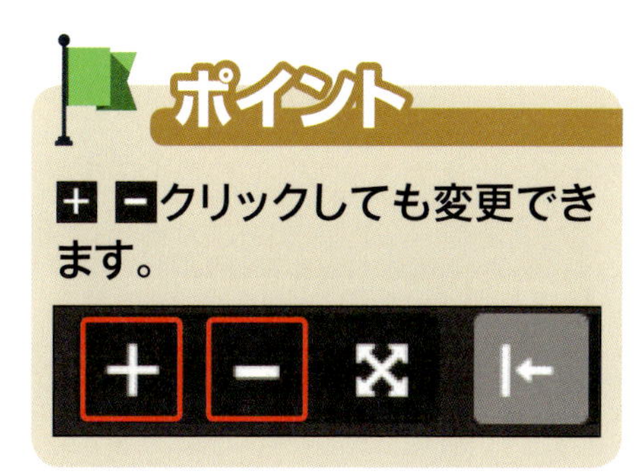

画像の大きさが変更されました。

ポイント

画像の解像度によっては、大きさが変更できないこともあります。

3 画像の配置を変更して保存します

画像を選択し、「左揃え、中央揃え、右揃え」ボタンでそれぞれ配置変更します。

最後に、保存をクリックして保存します。

画像が保存されました。

ポイント

ホームページに写真を追加する場合、著作権などに気を付けて使用しましょう。

4 画像を編集します

追加した画像を、編集することもできます。
画像を選択し、
を
クリック  します。

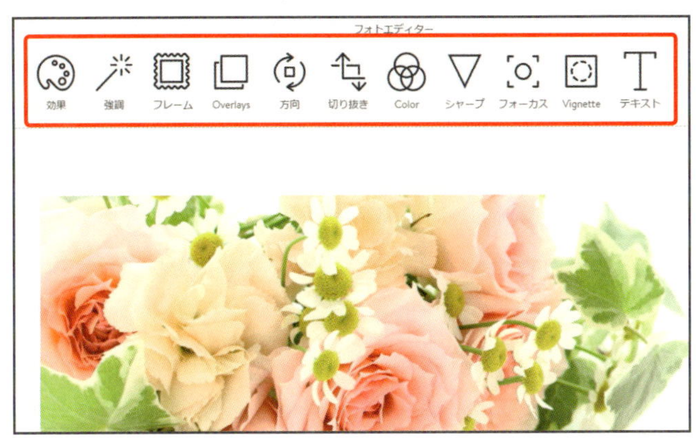

表示されたメニューを選択して画像を編集し、保存します。

終わり

コラム 画像の入れ替え

一度追加した画像は、かんたんに入れ替えることができます。追加した画像をクリックして、表示される「ここへ画像をドラッグまたはここをクリックして追加」をクリックします。以降は84ページからの操作で、画像を入れ替えることができます。

文章を追加しよう

- 文章コンテンツの画面
- 文章コンテンツの追加
- 文字の入力

文章を入力するには「文章」コンテンツを追加し、文字を入力していきます。長文を入力する場合、文章の間に空白行を入れるなど、読みやすいように工夫しましょう。

「文章」コンテンツの画面構成

文章コンテンツの白紙の部分に文字を入力し、文章を保存します。保存後も、入力した文章をクリックして編集画面を表示することで文章を編集することができます。

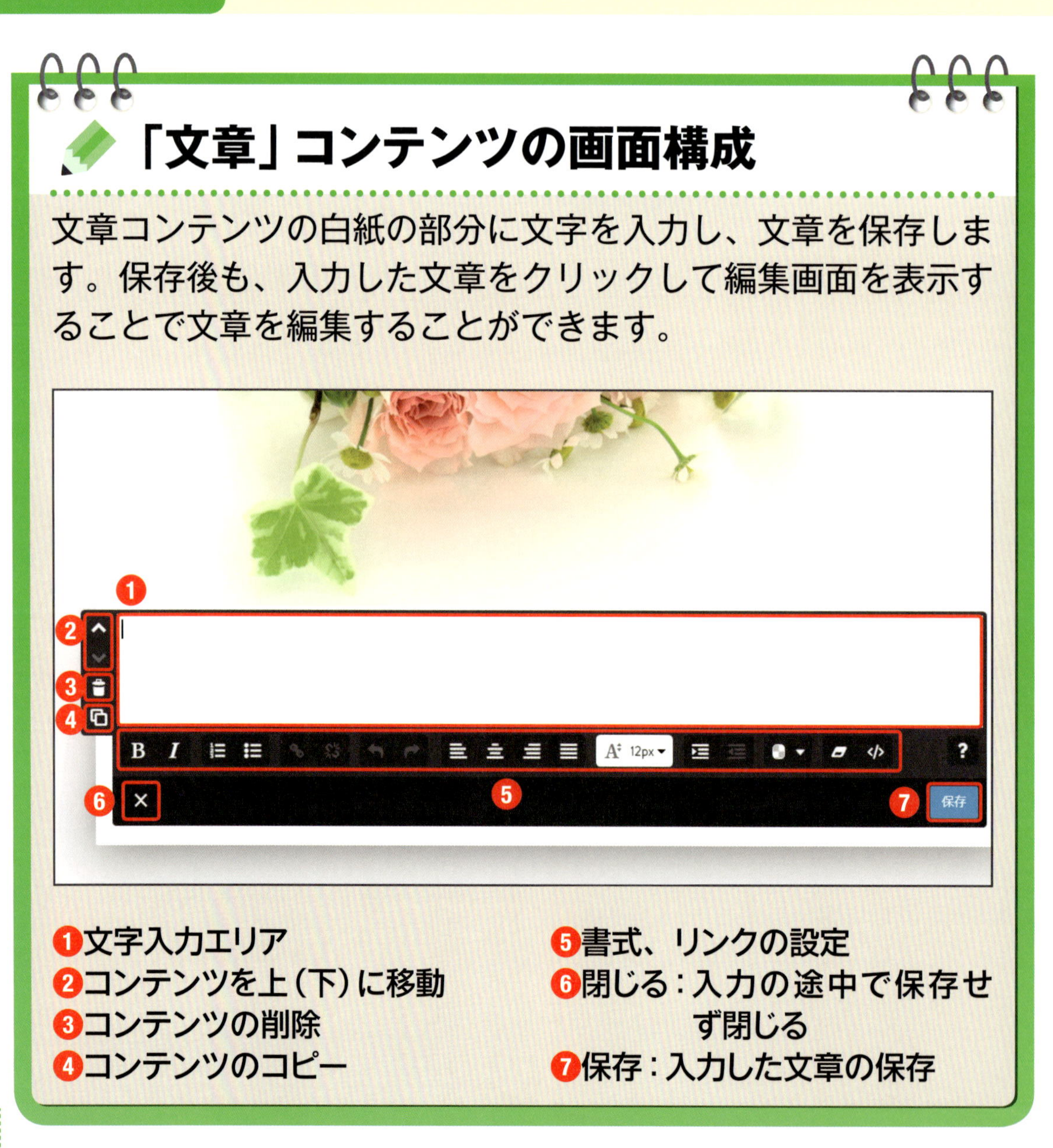

❶文字入力エリア
❷コンテンツを上（下）に移動
❸コンテンツの削除
❹コンテンツのコピー
❺書式、リンクの設定
❻閉じる：入力の途中で保存せず閉じる
❼保存：入力した文章の保存

1 文章を追加します

文章を入力する場所にマウスポインタを合わせ、

を

クリック します。

表示されたコンテンツの一覧の中から、

を

クリック  します。

追加した「文章」コンテンツの白紙の中に文字を

入力 します。

次へ

② 文章を保存します

入力 が完了したら 保存 を

クリック して

保存します。

ポイント

改行する場合は Enter キーを押して改行します。

文章が保存されました。

終わり

コラム　文章をコピーして貼り付ける場合

Microsoft「Word（ワード）」に入力した文章をコピーして「文章」コンテンツ内に普通に貼り付けると、Wordでの書式設定が引き継がれるため、Jimdoで書式の変更ができない場合があります。Wordの文章を貼り付ける際は「設定解除」をして、Wordの書式設定をクリアにしておきましょう。

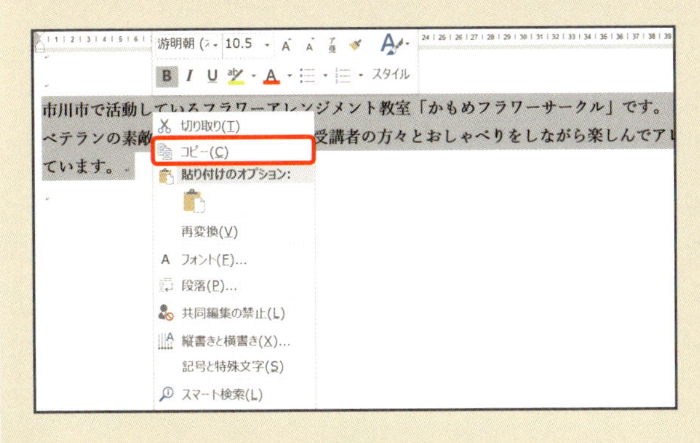

Wordでコピーする文字を範囲選択し、

右クリック →「コピー」を**クリック** します。

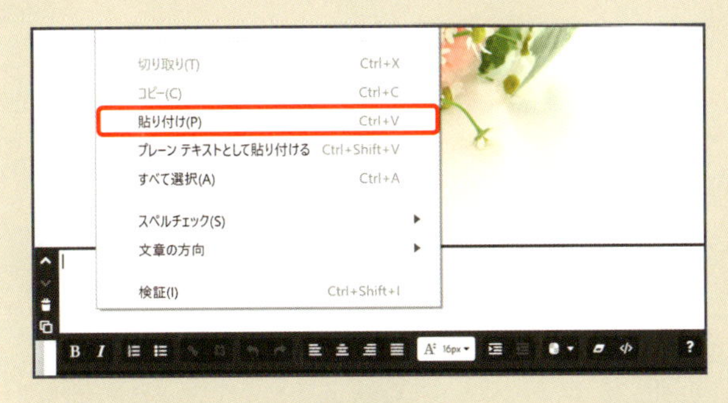

Jimdoの文章コンテンツ内で

右クリック 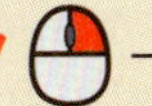 →「貼り付け」を**クリック** します。

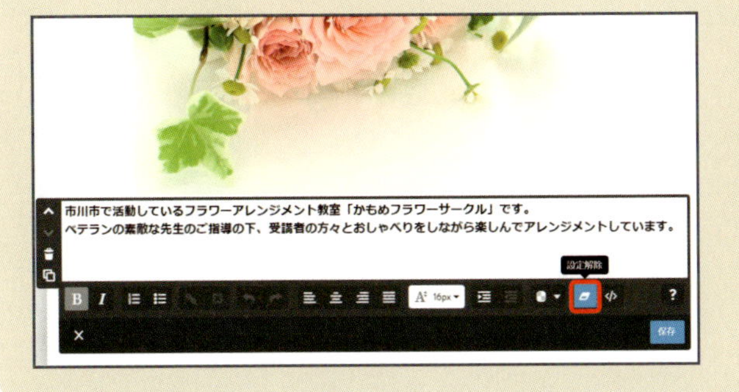

3

文章を貼り付けた後、

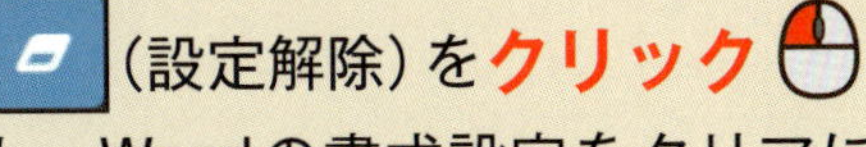（設定解除）を**クリック** し、Wordの書式設定をクリアにします。

Section 04

文章の見た目を装飾しよう

- 文字を大きくする
- 文字の色を変更する
- その他の書式設定

「文章」コンテンツに入力した文字は、コンテンツ内のボタンを使用してさまざまな書式を設定することができます。今回は「文字の大きさ」と「文字の色」を変更します。

書式設定ボタンについて

書式を設定する場合には、文章コンテンツをクリックして、編集画面を開きます。入力した文章の中から書式を設定する文字を範囲選択し、書式設定ボタンを使って設定します。

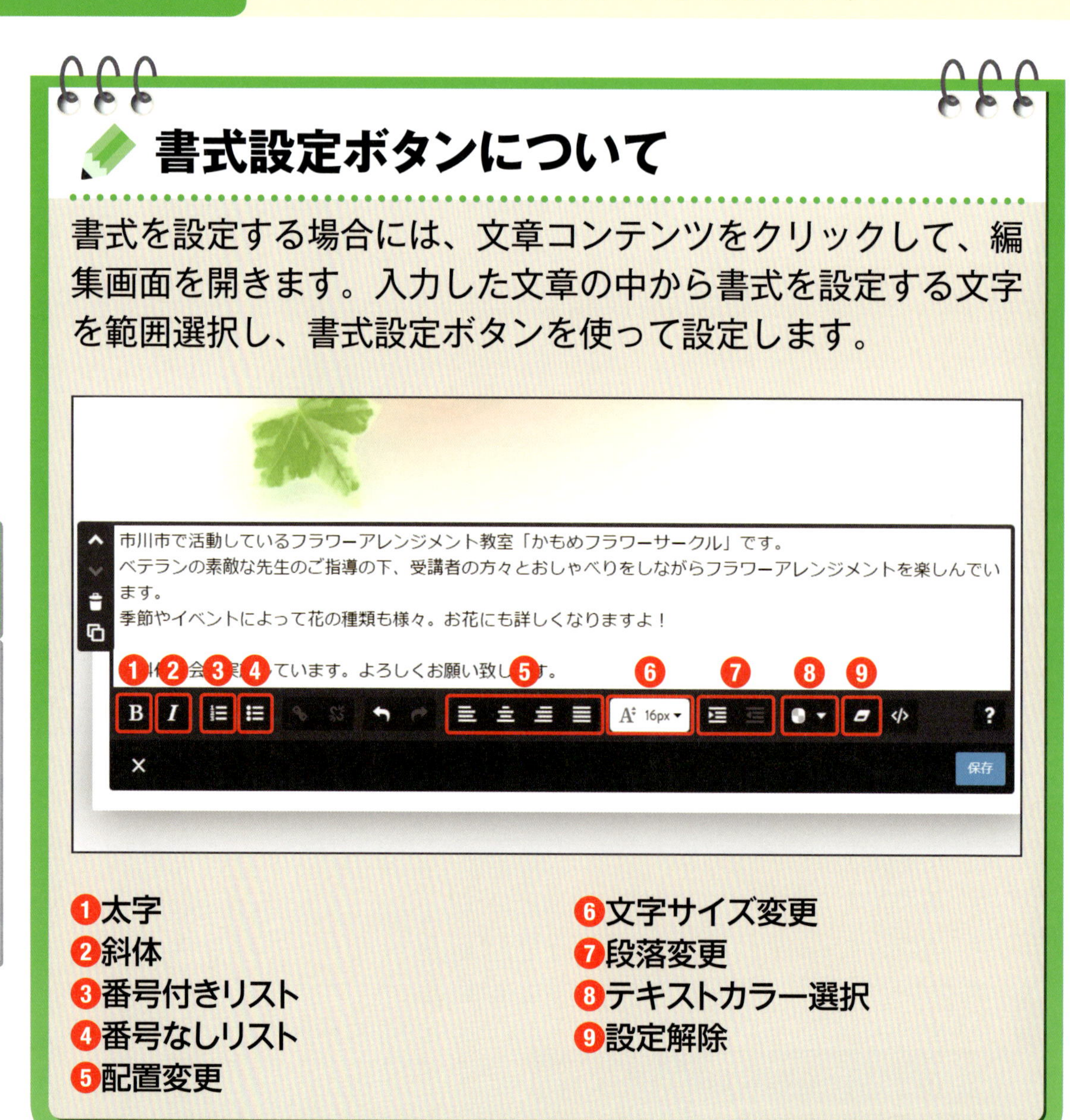

❶太字
❷斜体
❸番号付きリスト
❹番号なしリスト
❺配置変更
❻文字サイズ変更
❼段落変更
❽テキストカラー選択
❾設定解除

1 文字の大きさを変更します

大きさを変更する文字を**ドラッグ**して範囲選択し、フォントサイズ横の

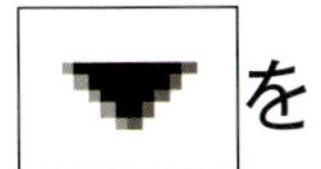

を**クリック**  します。

サイズ一覧が表示されます。
変更するサイズを**クリック**  します。

文字サイズボックスのサイズが変更されたのを確認し、**保存**を**クリック**して保存します。

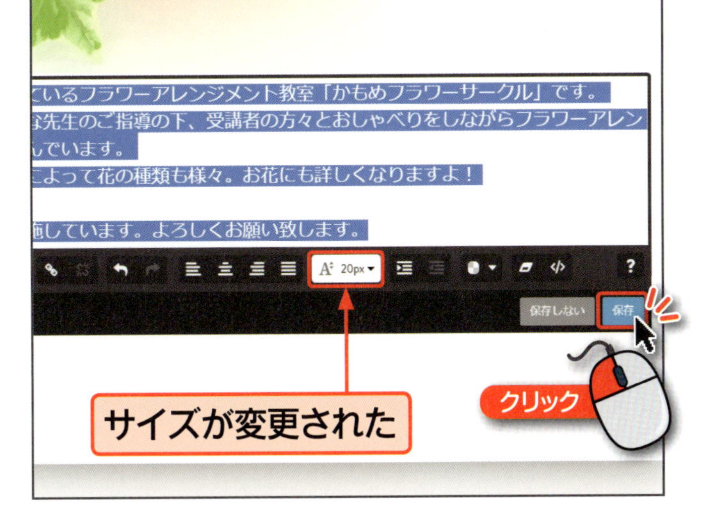

次へ

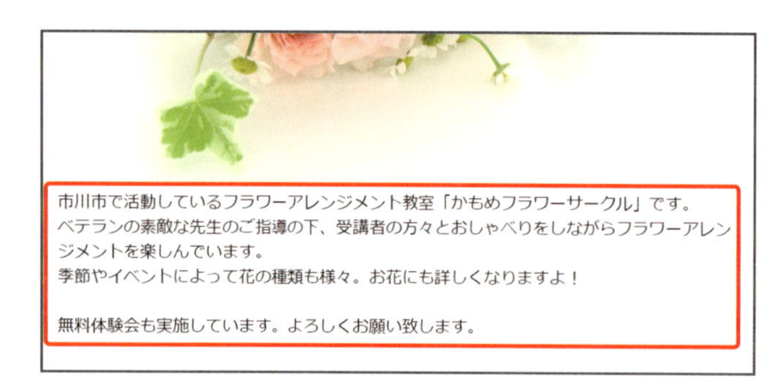

文章の文字の大きさが変更されました。

2 文字の色を変更します

「文章」コンテンツ内で、色を変更する文字を範囲選択し、

横の ▼ をクリックします。

カラーパレットが表示されたら、設定する色をクリックして選択し、色を選んでくださいをクリックします。

空白の部分を

クリック  して、

文字の選択を解除します。

文字の色が変更されたのを確認し、

保存 を

クリック  して

保存します。

文章の文字の色が変更されました。

終わり

コラム 文字の色の設定

多くの箇所で文章の文字の色を変更すると、強調したい部分がかえって目立たなくなり、見た目も見づらくなります。本当に強調したい部分を選んで、文字の色の変更をするようにしましょう。

トップページ編

Section 05

コンテンツを横に並べて表示しよう

- カラム
- カラムの追加
- カラムの編集

ページ上のコンテンツを内容ごとにまとめ、横に並べて表示すると見やすくなります。コンテンツを横に並べて表示するには、「カラム」コンテンツを使用します

「カラム」って何?

Jimdoではコンテンツを横並びに追加する場合、ページ上に列を何列か用意し、その列ごとにコンテンツを追加して並べます。この「列」を追加するには、「カラム」コンテンツを使用します。内容ごと並べて表示することで、情報をわかりやすく表示することができ、見栄えもよくなります。

季節ごとに色とりどりの花を用意しています。
花屋さんの店頭には並ばない珍しいお花も用意しています。
詳しくはこちらまで

会費・スケジュール

サークルのスケジュール、会費のお知らせです。
お花代は季節、イベントにより異なります。
詳しくはこちらまで。

縦長に並んだコンテンツ

市川市で活動しているフラワーアレンジメント教室「かもめフラワーサークル」です。
ベテランの素敵な先生のご指導の下、受講者の方々とおしゃべりをしながらフラワーアレンジメン
を楽しんでいます。
季節やイベントによって花の種類も様々。お花にも詳しくなりますよ！

無料体験会も実施しています。よろしくお願い致します。

サークル概要

季節ごとに色とりどりの花を用意しています。
花屋さんの店頭には並ばない珍しいお花も用意しています。
詳しくはこちらまで

会費・スケジュール

サークルのスケジュール、会費のお知らせです。
お花代は季節、イベントにより異なります。
詳しくはこちらまで。

内容ごとに横に並べて表示するとすっきりとしてわかりやすい

1 カラムを挿入します

コンテンツを追加する場所にマウスポインタを合わせ、

を

クリック  します。

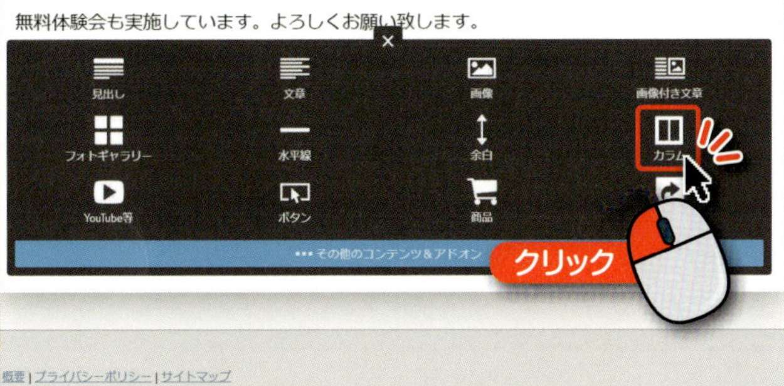

表示された一覧から、

を

クリック  します。

「コンテンツを追加」が2列で表示されます。

次へ

② 1列目にコンテンツを追加します

1列目の  を

クリック  します。

クリックしにくい場合、カラムを編集が表示されたらクリックするとよいでしょう。

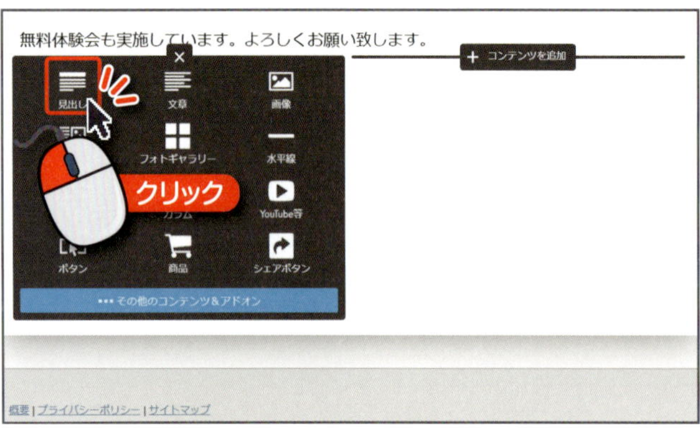

表示された一覧から  を

クリック  します。

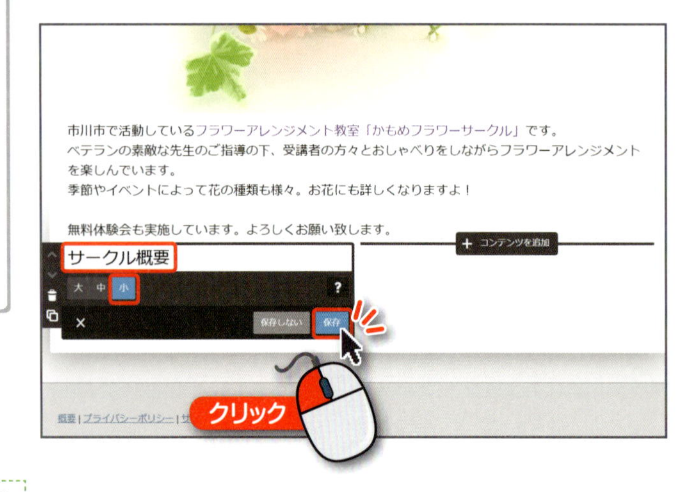

見出しのサイズを設定し、

内容を**入力**して、

 を

クリックします。

列の中にコンテンツが追加されました。
更に列内にコンテンツを追加していきましょう。

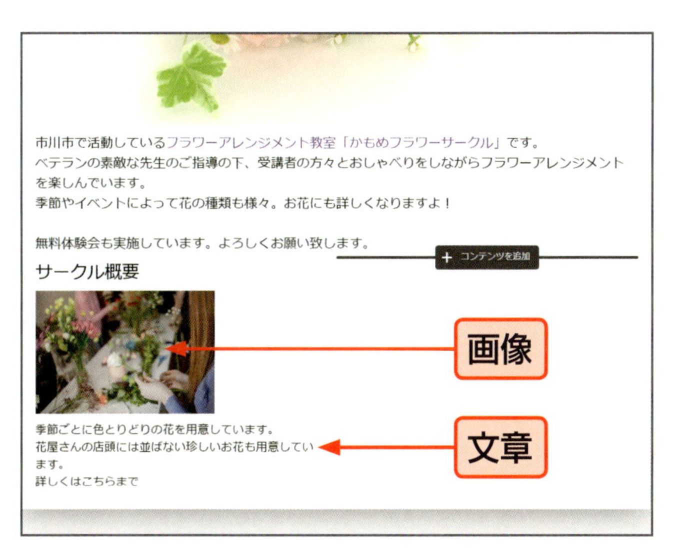

1列目に必要なコンテンツが追加されました。

次へ

コラム　カラムの中でコンテンツを移動、削除するには

カラム内でのコンテンツの移動や削除は、コンテンツ内のボタンで操作します（60ページ参照）。
また⊕をドラッグして、他の列へコンテンツを移動することもできます。

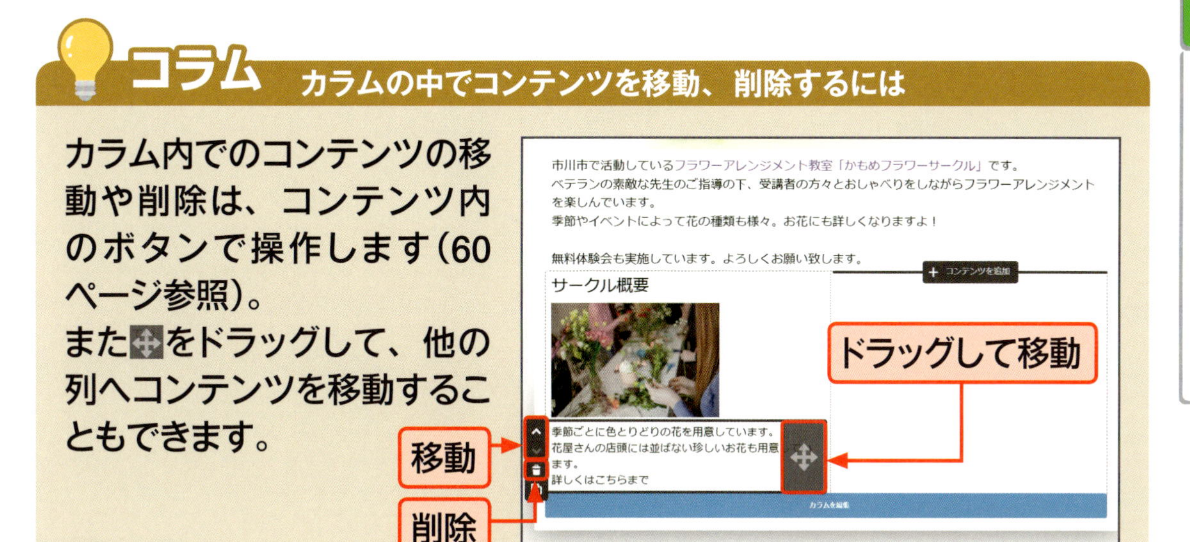

3 2列目にコンテンツを追加します

２列目にも同じように必要なコンテンツを追加し保存していきます。

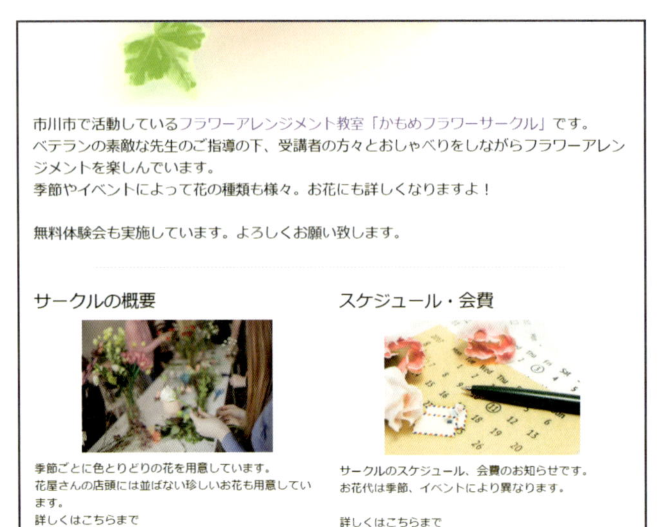

コンテンツが横に並んで表示されました。

終わり

コラム　カラムの編集

カラムの列を増やしたり、カラム全体を削除したりするには、「カラムの編集」画面を表示して行います。

●「カラムの編集」画面の表示方法

カラムの中にマウスポインタを置き、表示される「カラムを編集」をクリックします。

●列を増やす、カラム全体の削除をする

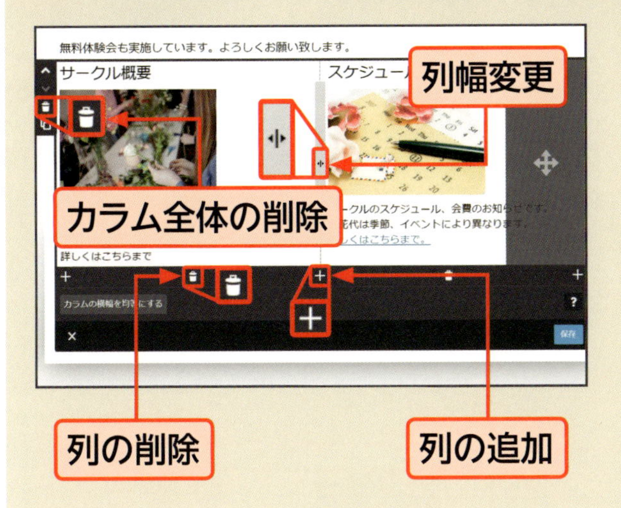

＋をクリックすると列が追加されます。

編集画面の左側の🗑をクリックすると、カラム全体が削除されます。

なお、この編集画面では、コンテンツを追加することはできません。保存した後、98ページの方法でコンテンツを追加します。

コンテンツのバランスを取ろう

- コンテンツ間を区切る
- 余白を追加
- 水平線を追加

様々なコンテンツを追加していくとコンテンツ間が詰まり内容が見づらくなります。コンテンツ間に「余白」や「水平線」を追加して全体のバランスを整えていきましょう。

「余白」と「水平線」の使い分け

ページ内で項目ごとに内容を区切るには「水平線」、間を空けて表示するには「余白」コンテンツを追加します。

1 余白を追加します

コンテンツを追加する場所にマウスポインタを合わせ、を**クリック**します。

一覧からを**クリック**します。

次へ

表示された余白コンテンツの高さをサイズボックスで設定し、

を

クリック しします。

余白幅をドラッグしても調整ができます。

余白が追加されました。

2 水平線を追加します

コンテンツを追加する場所にマウスポインタを合わせ、を**クリック**します。

一覧からを**クリック**します。

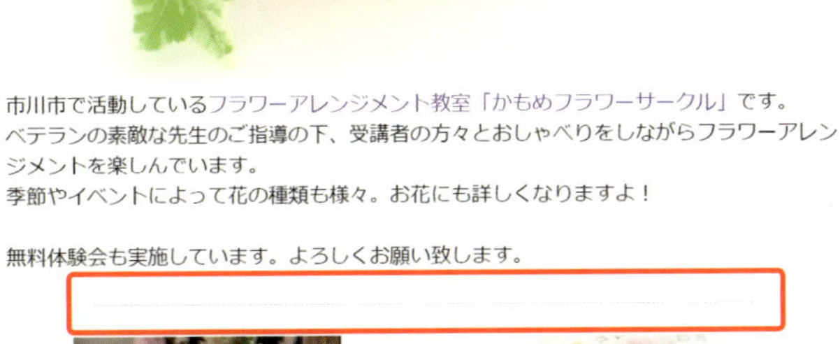

水平線が追加され、前後の内容が区切られて表示されます。

終わり

サイドバーを整えよう

- サイドバーの使い方
- サンプル削除
- コンテンツ追加

「サイドバー」が表示されるレイアウトを設定したホームページは（52ページ参照）、サイドバーの中を整理して内容を追加していきましょう。

サイドバーの使い方

サイドバーに入力した内容は、どのページを開いていても表示されます。そのため、注目してもらいたい情報や、閲覧する人にとって必要な情報を常に表示するのに便利です。
なお、レイアウトの種類によって、サイドバーの有無、位置が異なります。

イベント情報や他のページへのリンク

アクセス情報、地図など

1 サイドバーの中のサンプルを削除します

63ページの方法で、サイドバーの中に表示されているサンプルコンテンツをすべて削除します。

サイドバーの中のコンテンツがすべて削除されました。

次へ

② サイドバーに見出しや文章を追加します

サイドバー中の  を**クリック**します。

61ページの方法で、表示された一覧から必要なコンテンツを追加していきます。

ここでは、「見出し」「文章」「水平線」を追加します。

サイドバーに必要なコンテンツを追加しました。

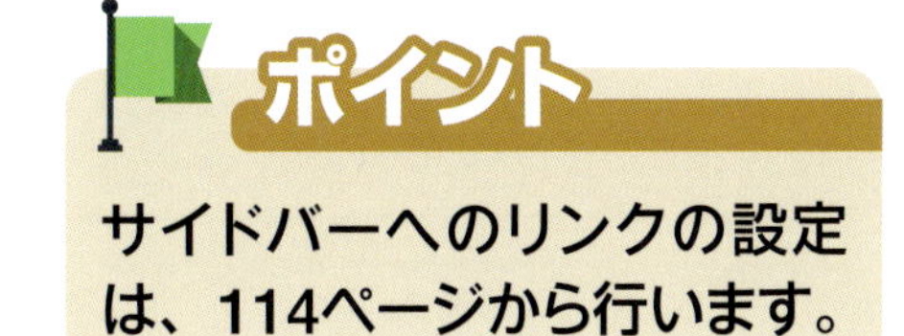

サイドバーへのリンクの設定は、114ページから行います。

終わり

リンクを設定しよう

- リンクとは
- 内部リンク
- 外部リンク

文字やボタンをクリックして自分のホームページの中の、他のページを表示したり、外部のホームページを表示するなど、目的のページへ誘導できる仕組みを設定しましょう。

「リンク」とは?

ページ上の文字やボタンをクリックして、関連するページが表示できると、スムーズに見たいページを閲覧することができます。この「他のページと繋がる仕組み」を「リンク」といいます。リンクの種類は「内部リンク」と「外部リンク」の2種類あります。

内部リンク

文字をクリックすると、自分のホームページ内の他のページが開く

外部リンク

ボタンをクリックすると、外部のホームページが開く

1 リンクを設定できるコンテンツを確認します

リンクの設定ができるコンテンツの種類は「文章」「ボタン」「画像」です。「見出し」などのコンテンツには設定できないので注意しましょう。

● 文章にリンクを設定

文章にリンクを設定する

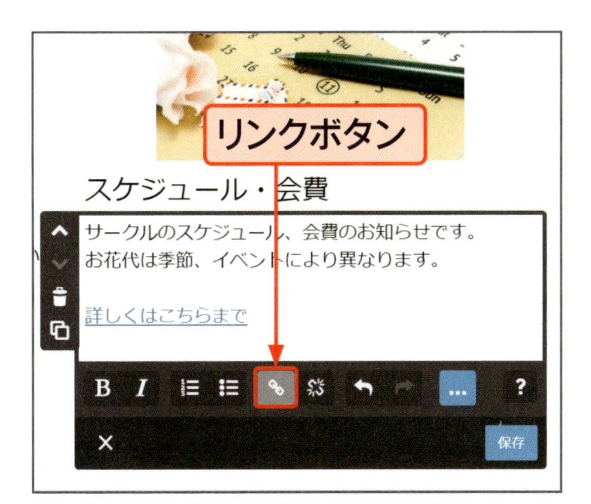

● ボタンにリンクを設定

ボタンを追加してリンクを設定する

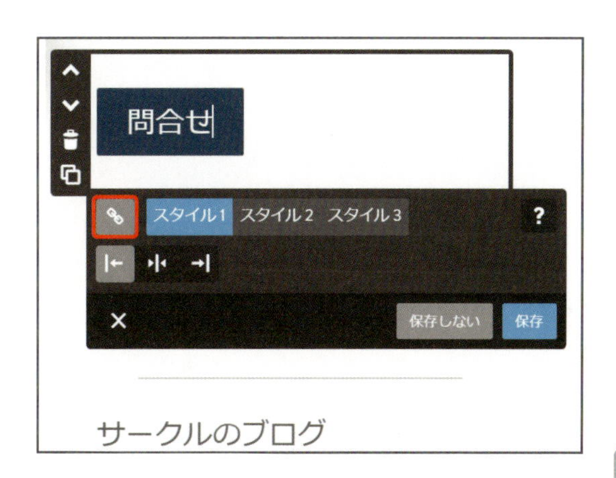

● 画像にリンクを設定

画像にリンクを設定する

「見出し」など、リンクを設定できないコンテンツには、🔗が表示されません。

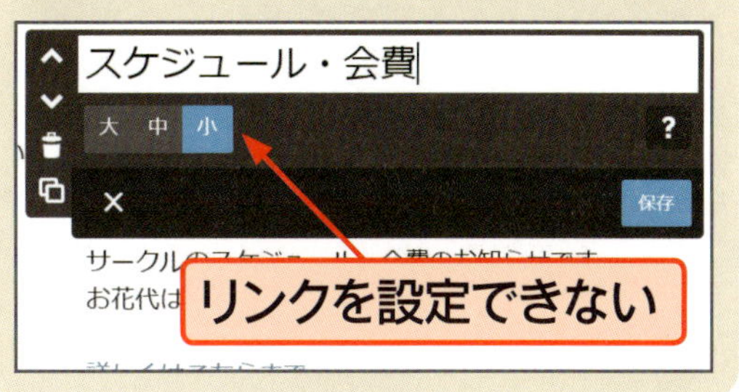

次へ

2 文字に内部リンクを設定します

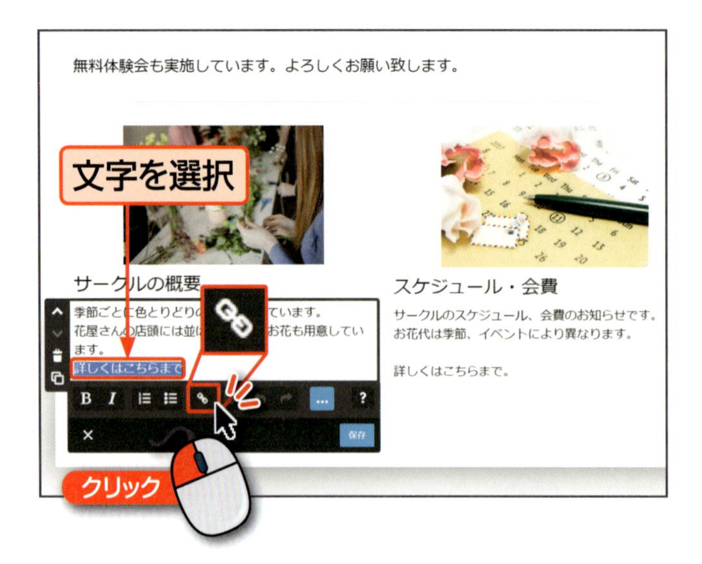

文字に、サークル基本情報ページへのリンクを設定します。
リンクを設定する文字を**ドラッグ**して選択し、 を**クリック**します。

ポイント

リンクを設定するには、コンテンツをクリックして、編集画面を表示しておきます。

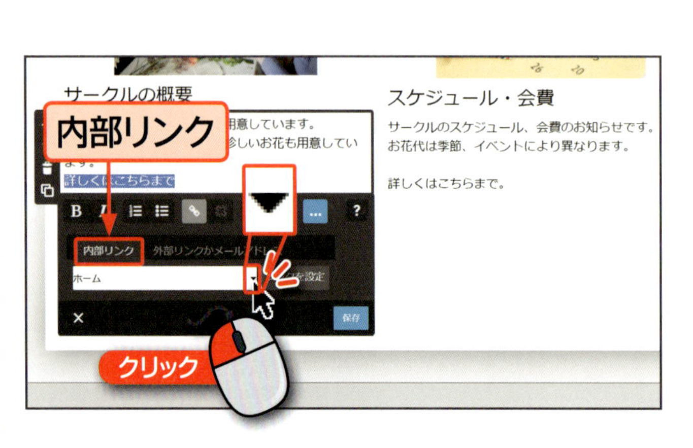

リンクの設定画面が表示されます。
「内部リンク」の下の
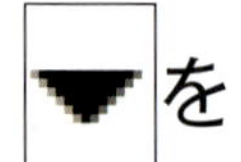
を
クリック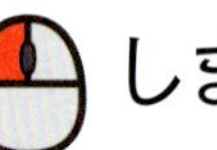します。

ページ名一覧からリンク先ページ名を
クリックします。

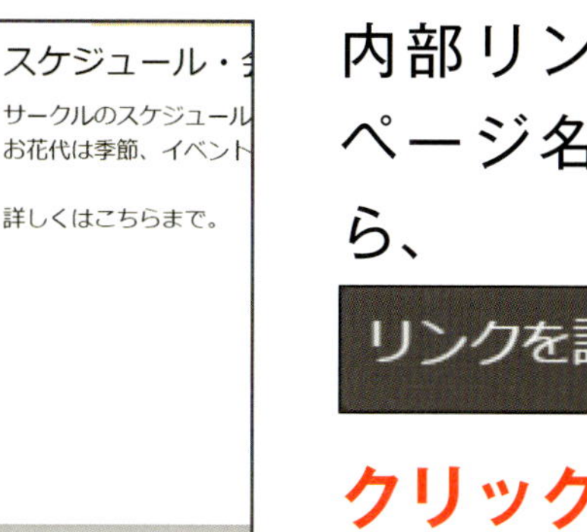

内部リンクを設定するページ名が表示されたら、

リンクを設定 を

クリック します。

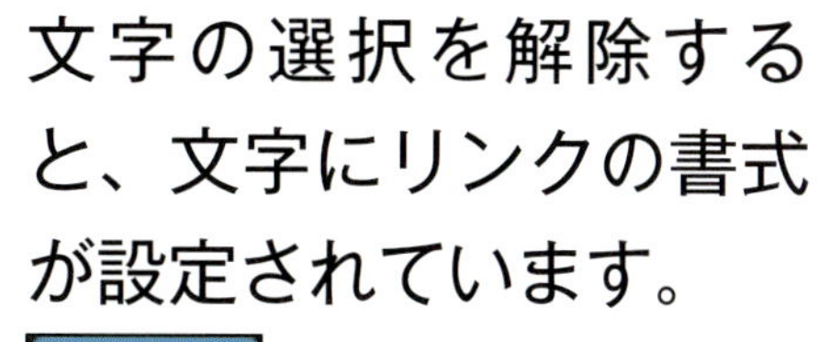

文字の選択を解除すると、文字にリンクの書式が設定されています。

保存 を

クリック  します。

ポイント

選択している文字以外の部分をクリックすると、選択が解除されます。

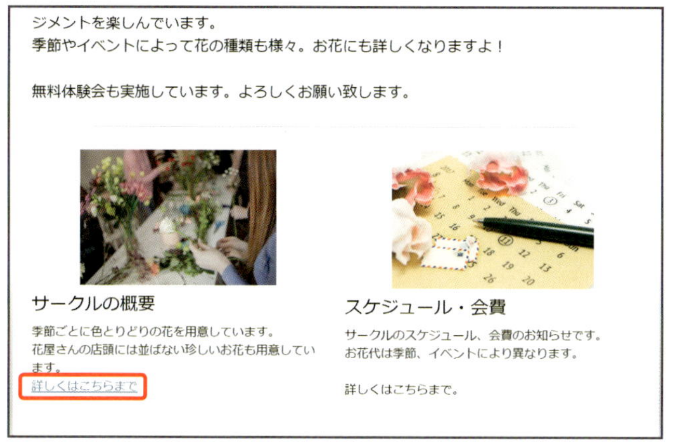

文字にリンクが設定されました。

次へ

3 ボタンに外部リンクを設定します

今回は、外部のブログが表示されるようにリンクを設定します。
まず、リンク先のホームページアドレスをコピーしておきます。

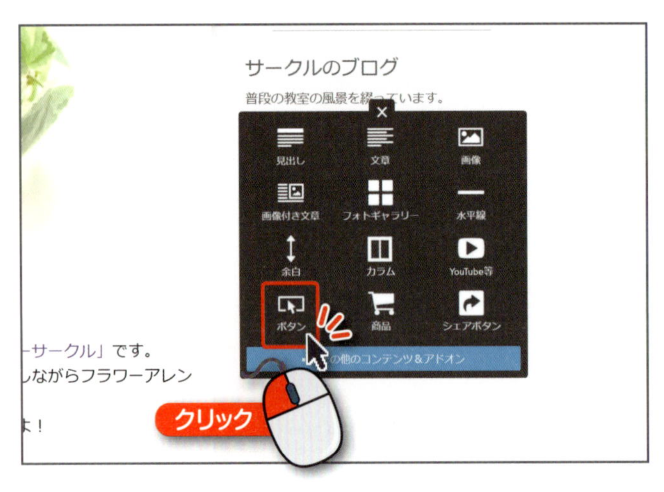

サイドバーの「コンテンツの追加」から  を

クリック  します。

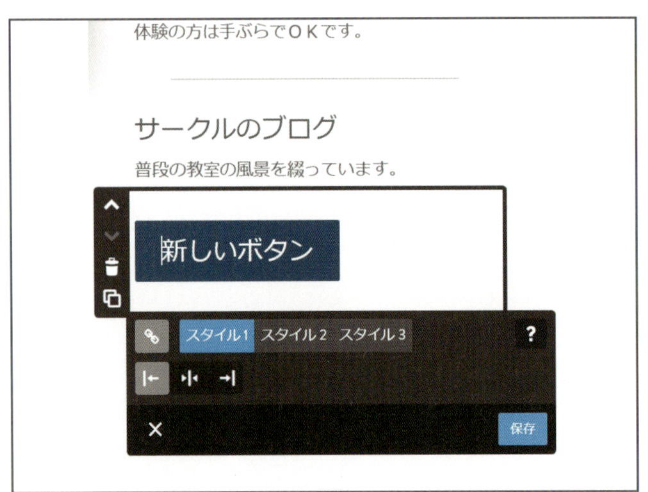

ボタンが追加されました。

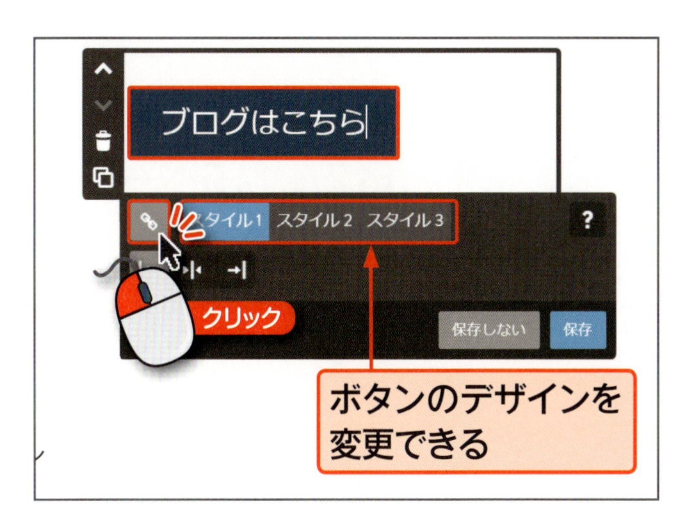

ボタンの中の文字を削除して、ボタン名を変更し、を

クリック  します。

外部リンクかメールアドレスを

クリック  して、

下のボックスにブログのホームページアドレスを貼り付けます。

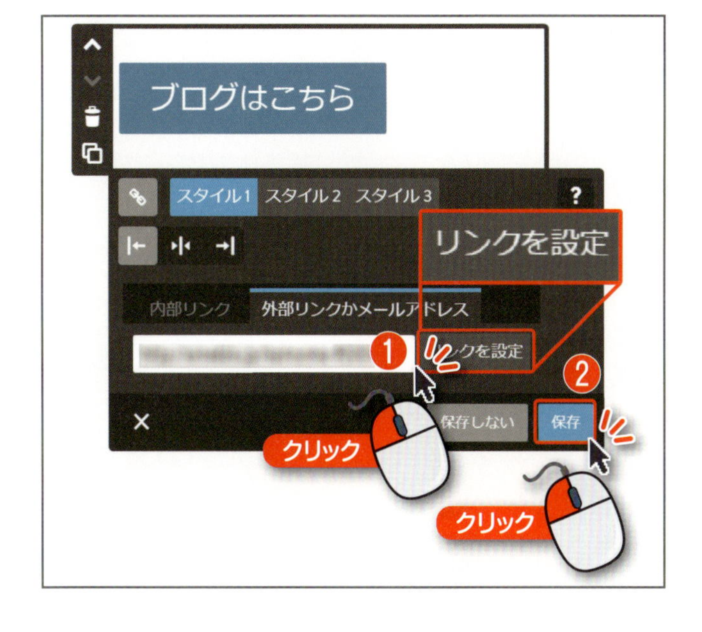

リンクを設定を

クリック  して、

保存を

クリック  します。

これでボタンにリンクが設定されます。

4 その他の場所にもリンクを設定します

112～115ページの方法で、その他の箇所にも用途に合ったスタイルのリンクを設定します。

これでトップページが完成しました。

コラム リンクの解除

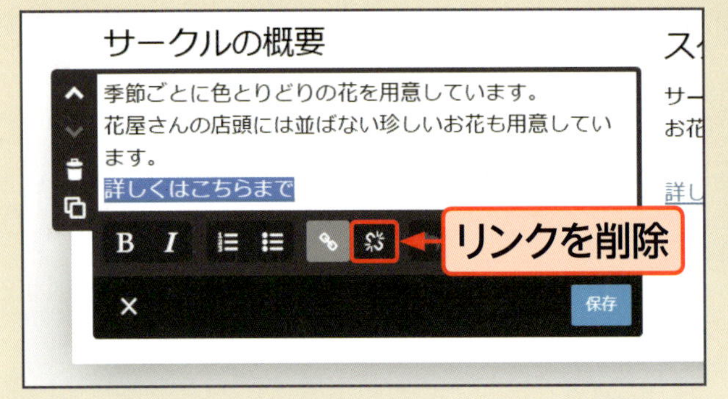

文章と画像に設定したリンクは解除することができます。リンクを設定した文字を範囲選択し、をクリックすると、リンクが解除されます。

5 リンクが設定されているか確認します

リンクが設定されている箇所にマウスポインタを置き、表示されるをクリックします。

ポイント

ボタンにリンクを設定している場合も同様に確認できます。

リンクを設定したページが表示されます。

ポイント

プレビュー画面（118ページ参照）でもリンクの確認ができます。

終わり

コラム 画像にリンクを設定する

画像にリンクを設定する場合は、画像をクリックしてをクリックします。以降は112ページからの方法で、リンクを設定してください。なお、が表示されていない場合は、…をクリックすると、が表示されます。

トップページ編

Section 09

実際にどう見えているのか確認しよう

- プレビュー画面
- パソコン版
- スマートフォン版

ホームページを編集していると、自分のホームページが実際どう見えているのか気になります。「プレビュー」画面で確認してみましょう。

プレビュー画面について

ページの編集画面では、編集記号などが表示されるため実際に見る画面と少し差があります。編集中のページが実際どのように見えているか確認する画面を、「プレビュー」画面といいます。Jimdoでは、「パソコン」版、「スマートフォン」版を表示して確認することができます。

編集画面

ページ内を編集できる

プレビュー画面

ページ内を編集できない

1 プレビュー画面を表示します

ホームページの編集画面で、画面右上の

をクリックします。

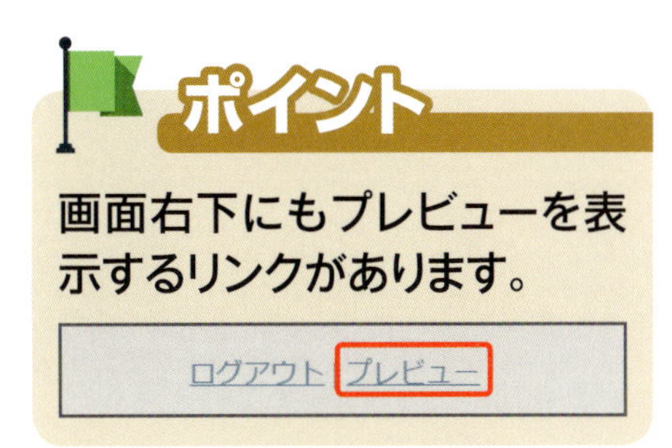

パソコン版で閲覧した時の見た目が表示されます。

次へ

2 スマートフォンでの見た目を表示します

画面左上の「デバイス別プレビュー」で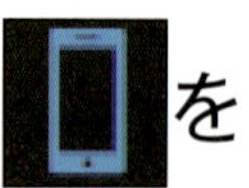を**クリック**して表示を切り替えます。

ポイント

をクリックすると、スマートフォンで横向きにしたときのプレビューを表示できます。

3 編集画面に戻ります

プレビュー画面で確認ができたら、← 編集画面に戻る を**クリック**して、編集画面に戻り、ページの編集を続けます。

終わり

その他のページ編

他のページを作っていこう

この章でできること

- 複数の画像を追加する
- 画像付き文章を追加する
- 文章を箇条書きに設定する
- Googleマップを追加する
- お問合せフォームを追加する

この章で作るページを確認しよう

- その他のページ
- ページの内容
- コンテンツの追加

トップページが完成したら、その他のページを作成していきます。この章ではさまざまなコンテンツの追加方法を確認しながら各ページを作成していきます。

1 「基本情報」ページ

サークルや教室の活動内容や、活動の様子などをアピールするページです。

ポイント

あらかじめ71ページの方法で、ページを増やしておきましょう。

2 「プロフィール」ページ

講師や代表者の経歴や人物像を表示するページです。

3 「スケジュール・会費」ページ

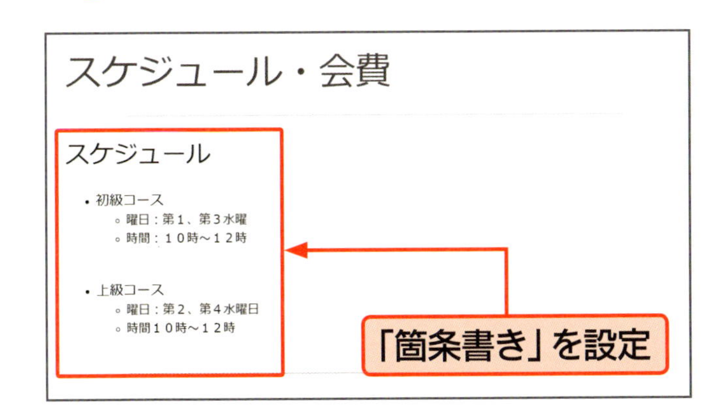

スケジュールや会費について表示するページです。

4 「アクセス」ページ

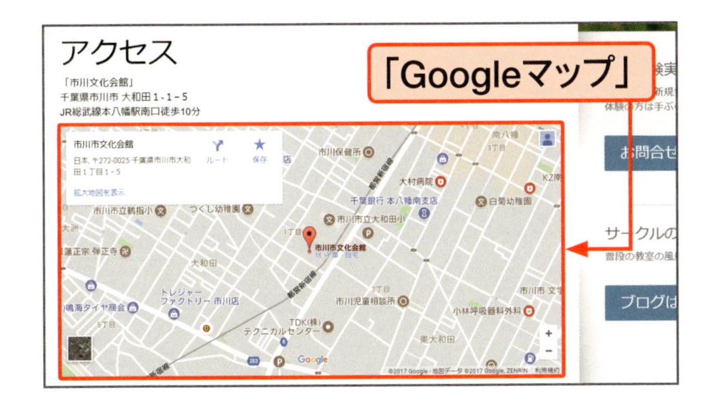

活動場所の地図や交通手段を表示するページです。

5 「お問合せ」ページ

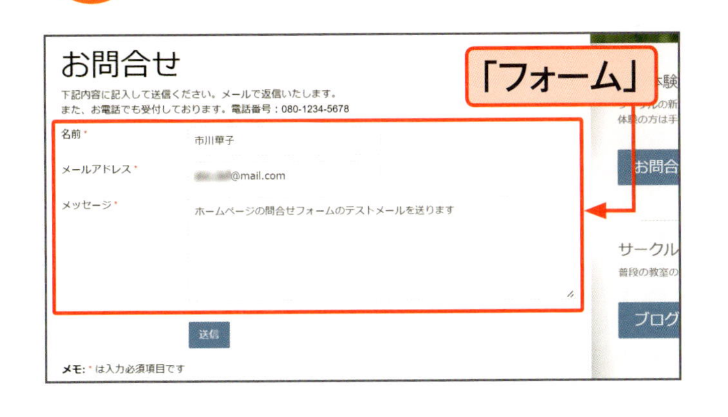

閲覧者からのお問合せやメッセージなどを受け付けるためのページです。

終わり

Section 02

「基本情報」ページを作成しよう

- 「基本情報」ページ
- フォトギャラリー
- 表示形式変更

サークルの「基本情報」ページを作成します。ここでは複数の写真を並べて表示する「フォトギャラリー」コンテンツの使用方法を確認していきましょう。

「基本情報」ページとは

ホームページの閲覧者に、自分のサークルの活動内容や様子などをアピールするページです。写真を何枚か表示しておくと雰囲気がよりわかりやすく伝わります。
ページに写真を複数並べて表示するには「フォトギャラリー」コンテンツを使用します。
ここでは、「サークルの概要」として基本情報を表示します。

「フォトギャラリー」コンテンツを追加して、複数の写真を並べて表示します

1 フォトギャラリーを追加します

ナビゲーションメニューからページを切り替えておきます。
画像を追加する場所にマウスポインタを合わせ

を

クリック  します。

コンテンツの一覧から

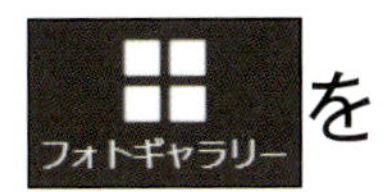

を

クリック  します。

「フォトギャラリー」コンテンツが表示されます。
「ここへ画像をドラッグ」の上を

クリック します。

次へ

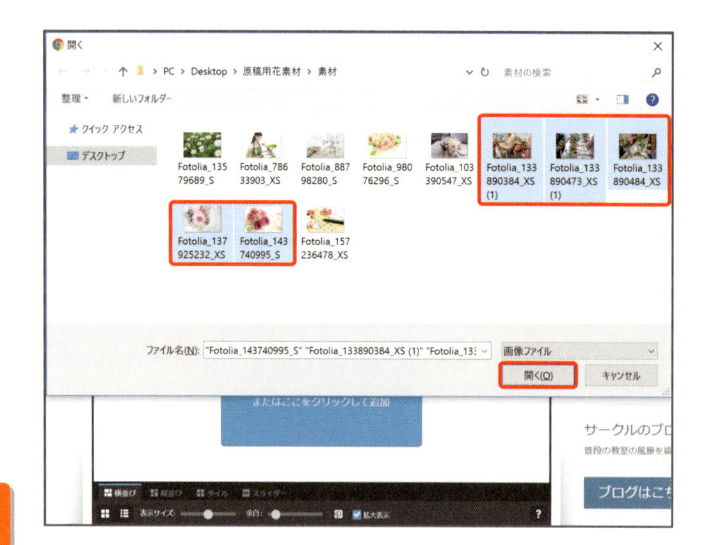

追加する画像の場所を開き、画像を選択して、画像を開きます。

ポイント

キーボードのCtrlキーを押しながら画像をクリックすると、複数の画像を同時に選択できます。

複数の画像が並んで追加されました。
なお、画像データサイズが大きい場合、表示されるまで少し時間がかかります。

ポイント

画像を更に追加する場合、追加された一覧上にマウスポインタを合わせ、「ここへ画像をドラッグ」が表示されたら、同じ手順を繰り返します。

② 画像の表示順を変更します

編集画面下の画像の一覧で、移動する画像の上にマウスポインタを置き、移動先まで**ドラッグ**します。

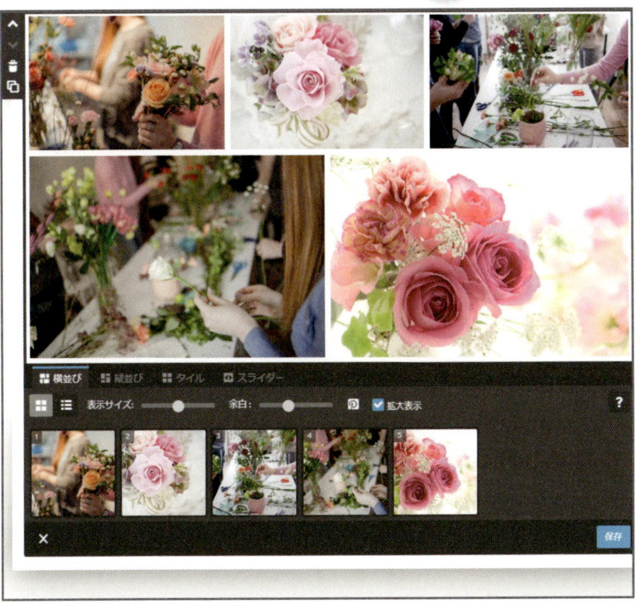

画像の表示順が変わります。

元の画像の向き（縦横）や比率によって表示形式が違ってきます。

次へ

3 画像の表示サイズを変更します

編集画面の「表示サイズ」ボタンを左右にスライドして、画像のサイズを変更できます。

ポイント

画像1枚ごと個別にサイズの変更はできません。

コラム フォトギャラリーの「リスト表示」

編集画面の

「リスト表示」ボタン

で表示を切り替え、

「画像の編集」や

「リンク設定」、

キャプションの入力をすることもできます。

4 使用しない画像を削除します

編集画面下の画像の一覧で、削除する画像の上にマウスポインタを置き、を**クリック**します。

5 フォトギャラリーを保存します

編集画面の 保存 を**クリック**します。

サークルの概要

フォトギャラリーが保存されました。

6 「基本情報」ページを整えます

その他、必要なコンテンツを追加して、配置を整え、「基本情報」ページを完成させましょう。

終わり

コラム　表示形式の変更

フォトギャラリーでは、画像の下の「横並び」「縦並び」などをクリックすると、ギャラリーの表示形式を変更できます。

●「横並び」

画像を横方向に並べて表示します。フォトギャラリーの初期設定は横並びで表示されます。

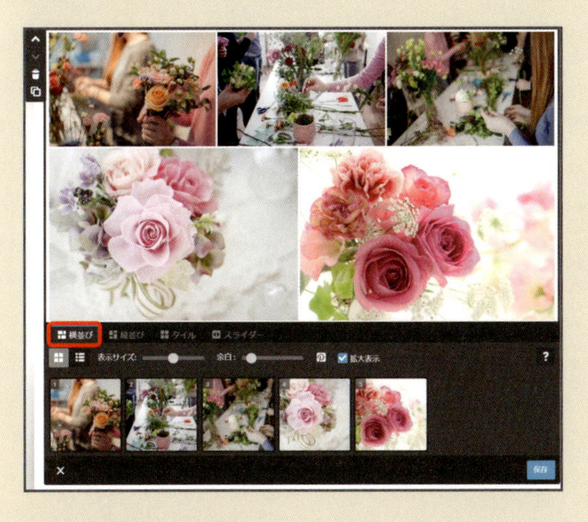

●「縦並び」

画像を縦方向に並べて表示します。列数を変更することもできます。

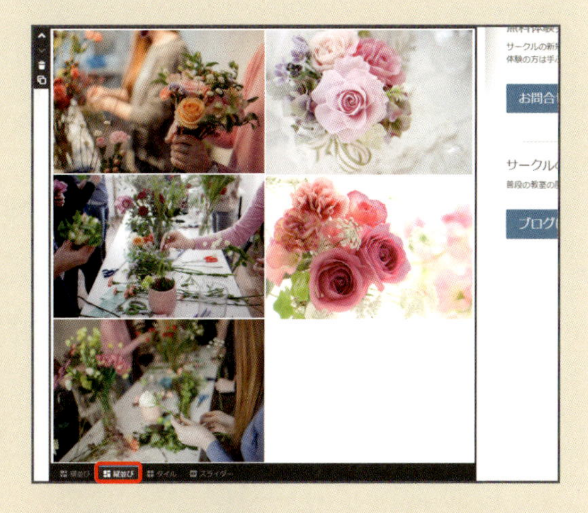

●「タイル」

画像を正方形のタイル形式で表示します。画像の枚数が多い時などに一覧にして表示できます。

●「スライダー」

画像を1枚ずつ「スライドショー」形式で表示します。スライドの速さも設定できます。
画像を1枚ずつ大きく見せたいときに便利です。

その他のページ編

Section 03

「プロフィール」ページを作成しよう

- 「プロフィール」ページ
- 画像付き文章
- 画像の配置変更

講師の「プロフィール」ページを作成します。ここでは画像と文章を並べて表示する「画像付き文章」コンテンツの使用方法を確認していきましょう。

「プロフィール」ページとは

講師や代表者の経歴や、人物像を表記するページです。運営者の人物像を表示することで、閲覧者から信頼性や共感を得ることもできます。写真と文章を並べて表示するには「画像付き文章」コンテンツを使用します。

講師プロフィール

講師：市川　華子
千葉県市川市出身

フラワーアレンジメント教室講師歴１５年
実家が花屋だったため、小さいころから花に囲まれて育つ。
大学でデザインについて学び、卒業後実家の花屋を手伝いながらフラワーアレンジメントの技術を習得する。
実家の花屋を改装し、直営のフラワーアレンジメント教室を開講している。

講師作品

「画像付き文章」コンテンツを追加して写真と文章を並べて表示します

1 画像付き文章を追加します

ナビゲーションメニューからページを切り替えておきます。画像を追加する場所にマウスポインタを合わせ、

を**クリック**します。

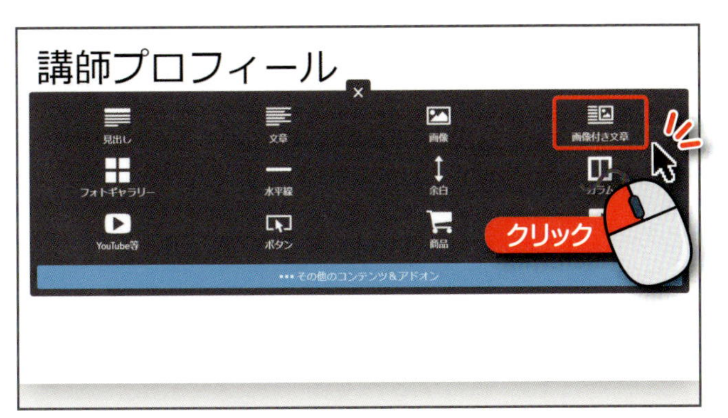

コンテンツの一覧から

を**クリック**します。

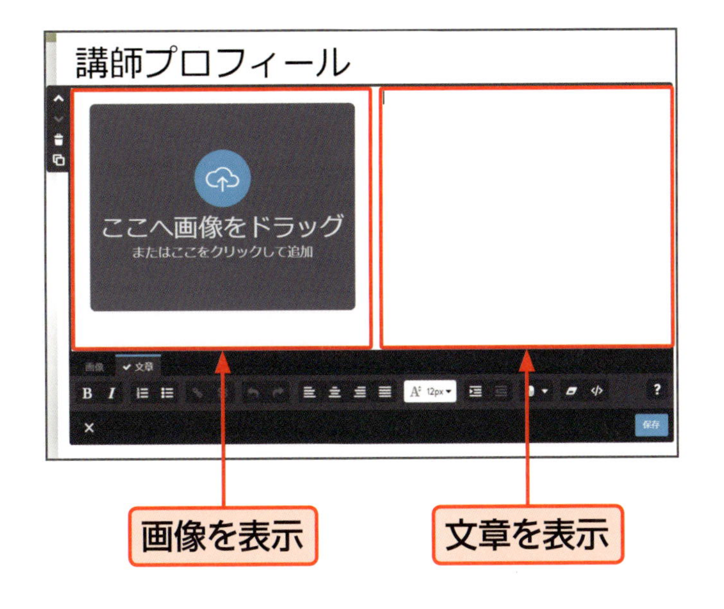

「画像付き文章」コンテンツが表示されました。画像と文章を表示する領域が２つに分かれています。

次へ

② 画像を追加します

「ここへ画像をドラッグ」の上を**クリック**します。

追加する画像が保存されている場所を開き、画像を**ダブルクリック**します。

片側に画像が追加されました。

3 画像を編集します

編集画面のを

クリック し、

画像の編集画面を表示します。

編集メニューの

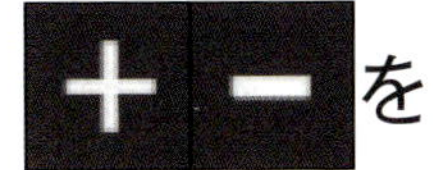を

クリックすると、

画像の大きさを変更できます。

編集メニューの

で、

画像と文章の配置を左右入れ替えることもできます。

次へ

④ 文章を入力して保存します

編集画面の 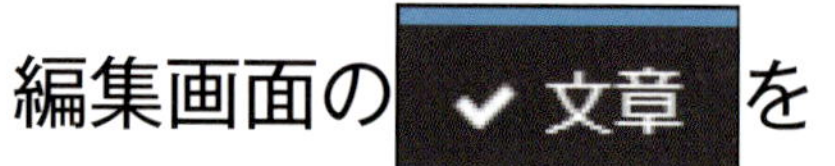 を

クリック します。

画面にカーソルが表示されたら文章を

入力 していきます

(89ページ参照)。

文章が入力できたら、

保存 を

クリック します。

画像付き文章が保存されました。

5 「プロフィール」ページを整えます

その他、必要なコンテンツを追加して、配置を整え、「プロフィール」ページを完成させましょう。

「見出し（中）」の追加
（77ページ参照）

「水平線」の追加
（105ページ参照）

講師プロフィール

講師：市川　華子
千葉県市川市出身

フラワーアレンジメント教室講師歴１５年
実家が花屋だったため、小さいころから花に囲まれて育つ。
大学でデザインについて学び、卒業後実家の花屋を手伝いながらフラワーアレンジメントの技術を習得する。
実家の花屋を改装し、直営のフラワーアレンジメント教室を開講している。

講師作品

「フォトギャラリー」追加（125ページ参照）
※表示形式を「タイル」に設定

終わり

その他のページ編

Section 04

「スケジュール・会費」ページを作成しよう

- 「スケジュール・会費」ページ
- 箇条書き
- 番号なしリスト

サークルのスケジュールや会費を、箇条書で表示したページを作成します。文章を箇条書きで表示するには、「文章」コンテンツの編集画面で設定します。

「スケジュール・会費」ページについて

まとまった項目を表示するときには「箇条書き」にして表示すると便利です。
ここでは活動スケジュールや会費項目を「箇条書き」にし、更に項目ごとに箇条書きのレベルを設定してわかりやすく表示します。

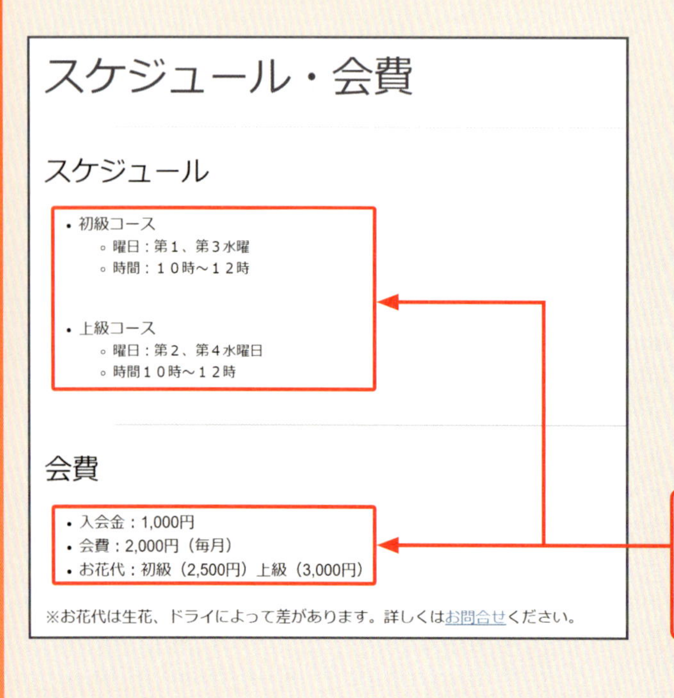

「文章」コンテンツの編集画面で、箇条書きに設定します

1 箇条書き文章を作成します

ナビゲーションメニューからページを切り替えておきます。画像を追加する場所にマウスポインタを合わせ、

を

クリック  します。

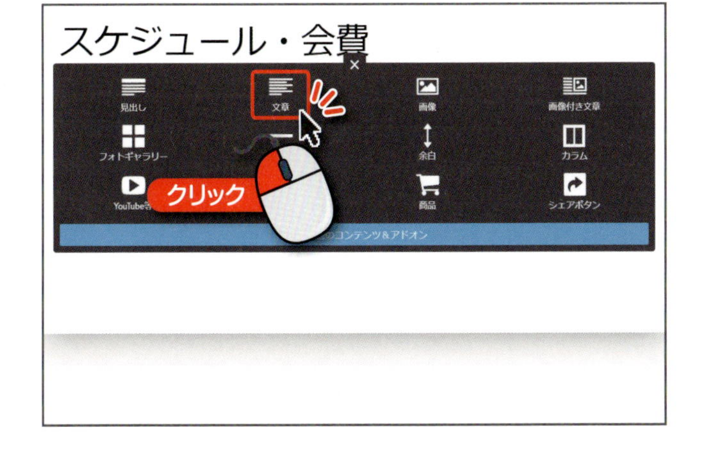

コンテンツの一覧から

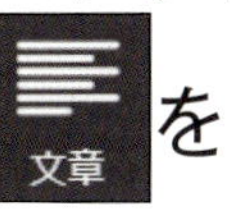

を

クリック  します。

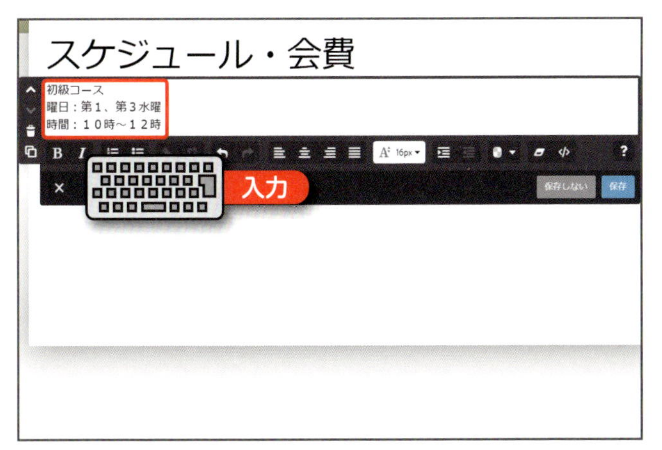

「文章」コンテンツが表示されたら、文章を

入力 します

(89ページ参照)。

次へ

箇条書きにする文章を範囲選択し、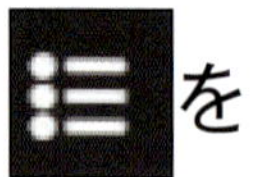をクリックします。

文章が箇条書きに変更されました。

2 箇条書きのレベルを設定します

レベルを設定する文章を範囲選択し、をクリックします。

箇条書きにレベルが設定されました。

保存 をクリックして保存します。

3 「スケジュール・会費」ページを整えます

その他、必要なコンテンツを追加して、配置を整え、「スケジュール・会費」ページを完成させましょう。

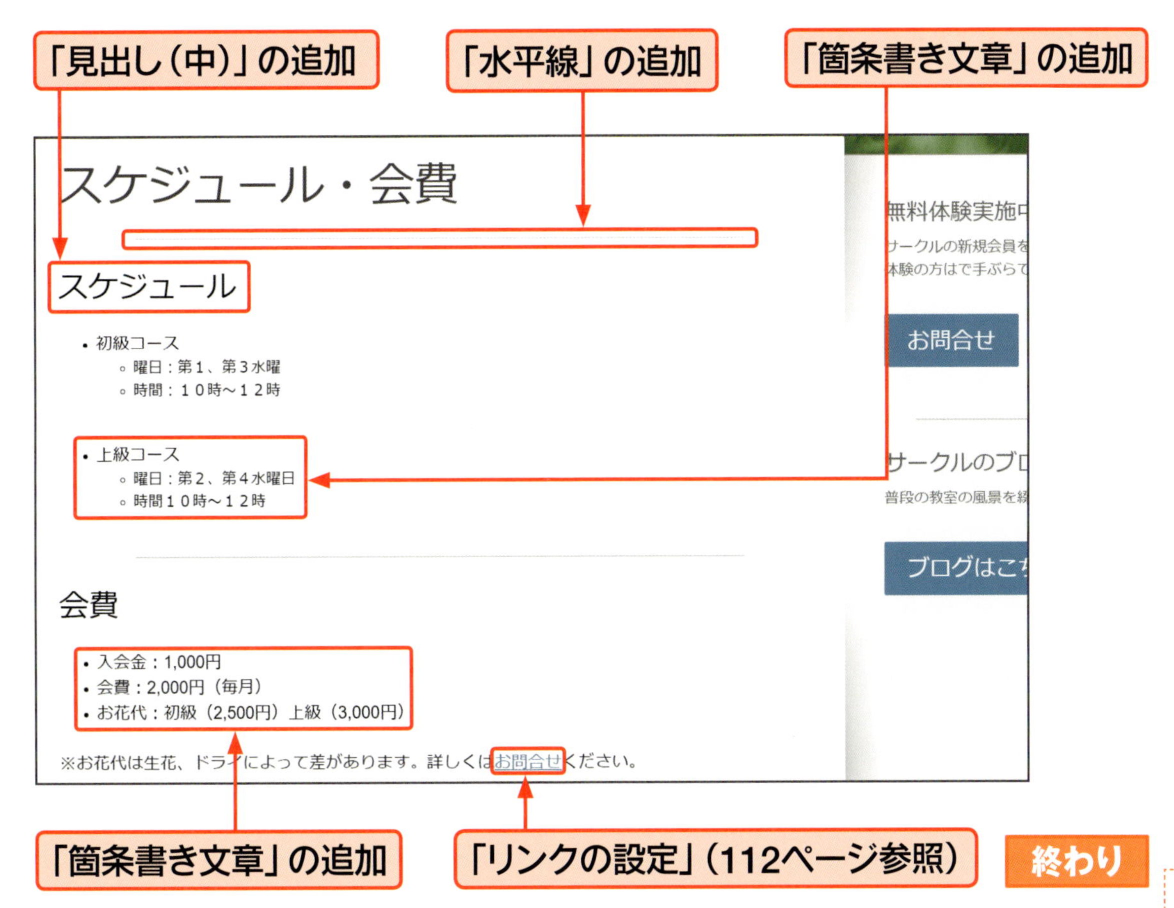

終わり

「アクセス」ページを作成しよう

- 「アクセス」ページ
- Googleマップ
- 地図検索

地図を掲載した「アクセス」ページを作成しましょう。Jimdoでは「Googleマップ」コンテンツ使って、かんたんに地図を追加することができます。

「アクセス」ページとは

活動場所の地図や交通手段を表示するページです。「Googleマップ」コンテンツを使用すれば、かんたんに地図を検索して追加することができます。「Googleマップ」とは、Google社が提供している地図検索サービスです。

「Googleマップ」コンテンツを追加して、地図を表示させます

1 Googleマップを追加します

ナビゲーションメニューからページを切り替えておきます。地図を追加する場所にマウスポインタを合わせ、「コンテンツの追加」を

クリック  します。

を

クリック  します。

折りたたまれていたコンテンツが表示されます。

を

クリック  します。

次へ

Googleマップコンテンツが追加されました。

② 住所を検索して地図を表示します

検索ボックスに表示する住所を**入力**し、検索をクリックします。

ポイント

検索ボックスのサンプル住所は消えないので、その上から入力します。

検索した住所の地図が表示されます。

保存をクリックします。

Googleマップで検索した地図が追加されました。

3 「アクセス」ページを整えます

その他、必要なコンテンツを追加して、配置を整え、「アクセス」ページを完成させましょう。

「文章」追加
地図だけではなく、交通手段などを入力しておきましょう

終わり

コラム 掲載した地図の拡大・縮小

ページに掲載したGoogleマップ自体は、掲載するときに拡大したり縮小したりすることはできません。ページを見た人が、地図上の＋－をクリックすると、地図が拡大・縮小します。

その他のページ編

Section 06

「お問合せ」ページを作成しよう

- 「お問合せ」ページ
- フォーム
- フォームの送信確認

最後に「お問合せ」ページを作成しましょう。Jimdoでは、「フォーム」コンテンツを使用して、お問合せ用の入力欄をかんたんに表示することができます。

「お問合せ」ページとは

ホームページの閲覧者が、お問合せや申し込みなどを希望する場合、「お問合せ」ページの項目に、必要事項を入力して送信します。送信された内容は、ホームページ管理者にメールで配信されます。
「フォーム」コンテンツを使うと、お問合せ用の入力欄（フォーム）がかんたんに作成できます。

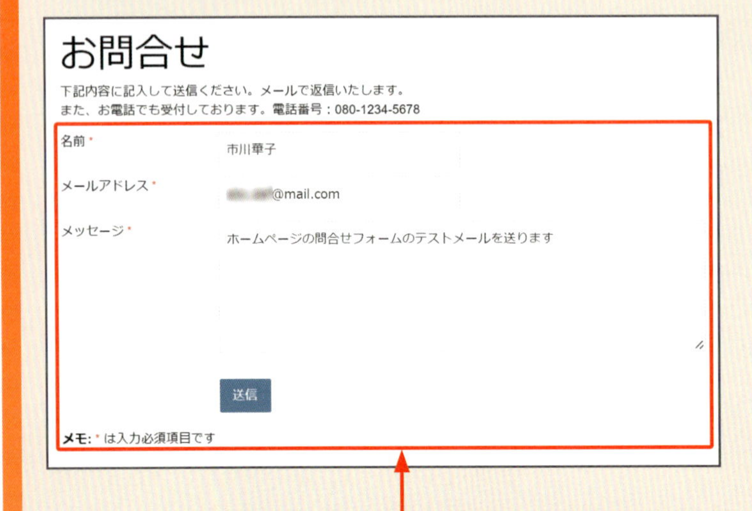

「フォーム」コンテンツを追加するとお問合せ用の入力欄が表示されます

1 お問合せフォームを追加します

ナビゲーションメニューからページを切り替えておきます。フォームを追加する場所にマウスポインタを合わせ、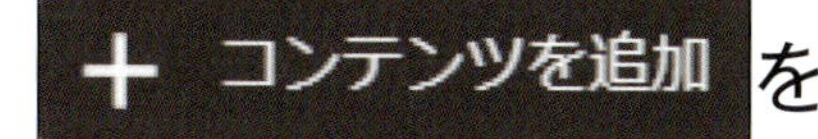を

クリック  します。

を

クリック  します。

折りたたまれていたコンテンツが表示されます。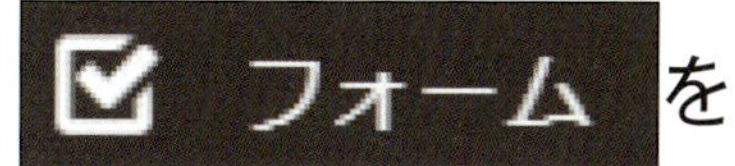を

クリック  します。

次へ

2 フォームの内容を確認します

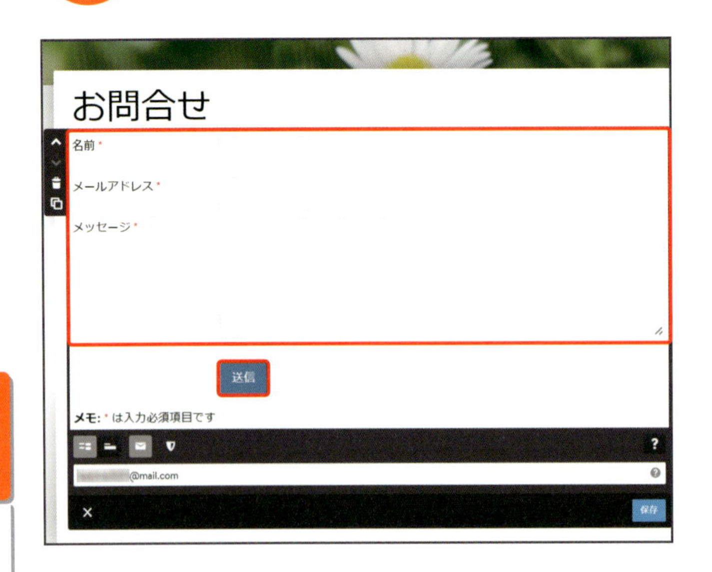

フォームコンテンツが表示されます。
フォームの初期設定は「名前」「メールアドレス」「メッセージ」を入力する欄と、送信ボタンが用意されています。

このメールアドレスにお問合せのお知らせが届く

画面下には受信用のメールアドレスが表示されます。

内容を確認して 保存 を

クリック  します。

ポイント

受信用メールアドレスはJimdoに登録した時のメールアドレスが表示されます。フォームからのメールを別のアドレスに受信したい場合、こちらで変更できます。

3 フォームが追加されました

お問合せフォームが追加されました。

4 「お問合せ」ページを整えます

その他、必要なコンテンツを追加して、配置を整え、「お問合せ」ページを完成させましょう。

「文章」追加
メール以外の連絡方法も表示しておくと親切です

次へ

5 フォームが送信されるか試します

プレビュー画面を表示して、フォームをテスト送信してみます。
119ページの方法でプレビュー画面を表示します。

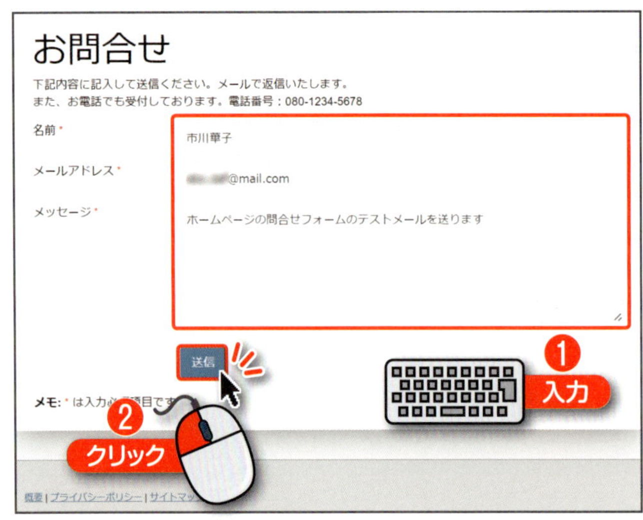

プレビュー画面が表示されたら、お問合せフォームの各項目に

入力  し、

最後に 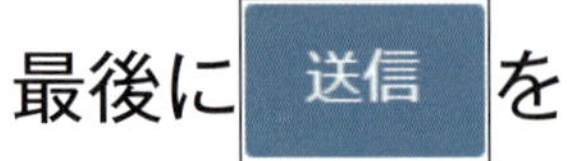 を

クリック します。

お問合せ

下記内容に記入して送信ください。メールで返信いたします。
また、お電話でも受付しております。電話番号：080-1234-5678

メッセージが送信されました。

お問合せメッセージが送信されました。

6 お問合せメールが受信されたか確認します

148ページで指定したメールアドレスの受信ボックスを開き、「Jimdo Team」から「新しいメッセージ」が届いているのを確認します。

フォームの送信内容は「Jimdo Team」を介して送られてきます。

新しいメッセージ https://
受信トレイ x
Jimdo Team <no-reply@jimdo.jp>
To 自分
あなたのホームページ（https://　）に新しいメッセージが届きました。:

名前: 市川華子
メールアドレス: @mail.com
メッセージ: ホームページの問合せフォームのテストメールを送ります
返信または転送するには、ここをクリックしてください
0.01 GB（0%）/ 15 GB を使用中
管理
利用規約 - プライバシー

メールを開くと、お問合せ内容が確認できます。

ポイント

メールが届かない場合は、メールが受信フォルダー以外の場所に振り分けられてしまっている可能性があります。「迷惑メール」フォルダーに受信されていないか、確認してみましょう。また、148ページで設定した送信先メールアドレスが間違っていないかも確認しましょう。

終わり

コラム　フォームの内容を編集する

メールフォームの内容は、自由に編集することもできます。

●項目名を変更する

フォーム内を**クリック**して編集画面を表示し、変更する名前の上を**クリック**して変更し、保存で保存します。

●フォーム内に別の項目を追加する

フォームの編集画面で、項目を追加する場所にマウスポインタを合わせ、＋ コンテンツを追加を**クリック**します。表示されたフォームコンテンツの一覧から必要な項目を追加します。

●項目を削除する

フォームの編集画面で、削除する項目の上にマウスポインタを合わせ、表示されたを**クリック**して削除します。

仕上げ編

ホームページを仕上げよう

この章でできること

- ホームページのスタイルを整える
- 検索サイトでページが検索されるように設定する
- Googleにホームページを登録する
- 更新作業のポイントを確認する
- ページを一時的に非表示にする

Section 01

ホームページ全体のデザインを整えよう

- 見出しの色変更
- ナビゲーションバーの色変更
- ボタンの色変更

ホームページの内容が完成したら、全体の色やスタイルを整えていきます。初期設定されているスタイルを、自分のホームページの雰囲気に合う色合いに変更していきましょう。

「スタイル」の設定について

見出しや、ボタンの色を変更すると、ホームページ内の同じ種類のコンテンツが、自動的に同じ色に変更されます。そうすることで、ホームページに統一感が出て、すっきりとまとまります。

完成例

このセクションで変更するスタイル

1. 見出し（大）の色を変更
2. ナビゲーションバーの塗りつぶしの色を変更
3. ボタンの色を変更

1 スタイル設定画面を表示します

ホームページ編集画面左上の

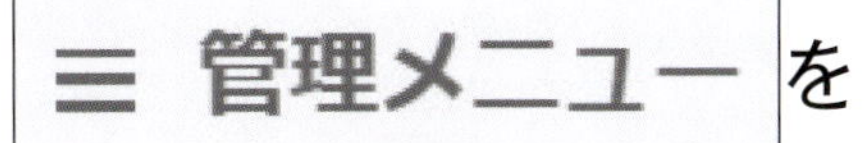

をクリックします。

表示されたメニューから

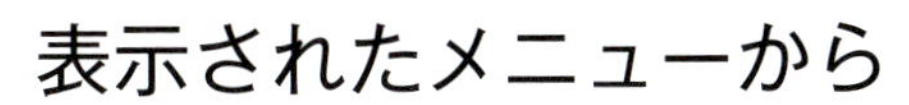

をクリックします。

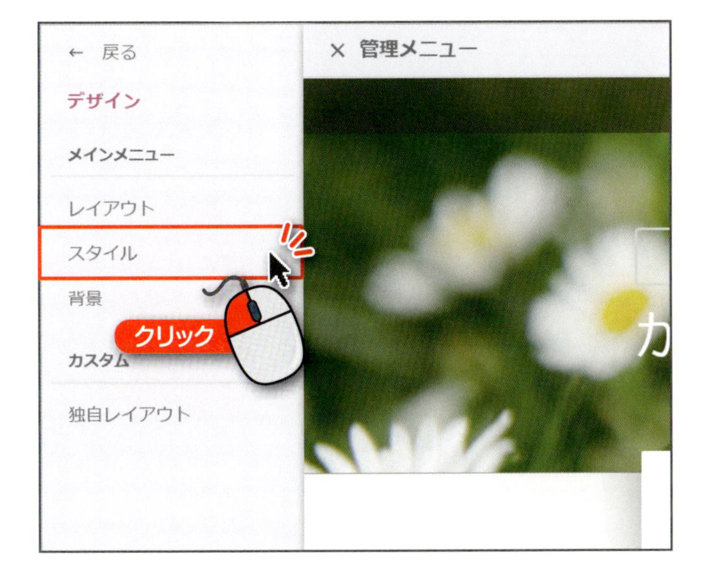

デザインのメインメニューから

をクリックします。

次へ

② 詳細設定をオンにします

スタイル設定画面が表示されます。
左上の「詳細設定」を**クリック** 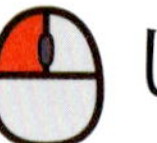 して 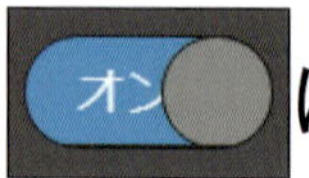 にします。

マウスポインタが  になります。
この状態で、コンテンツを**クリック**すると、選択したコンテンツの書式設定項目が表示されます。

3 「見出し」の色を変更します

155ページの方法で、スタイルの詳細設定画面を表示し、変更する見出しを**クリック**します。

表示された設定項目から「フォントカラー」を**クリック**します。

表示されたカラーパレットから設定する色を選択し、最後にをクリックします。

見出しの色が変更されました。

保存をクリックして保存します。

他のページの「見出し(大)」の色も同じ色に変更されます。

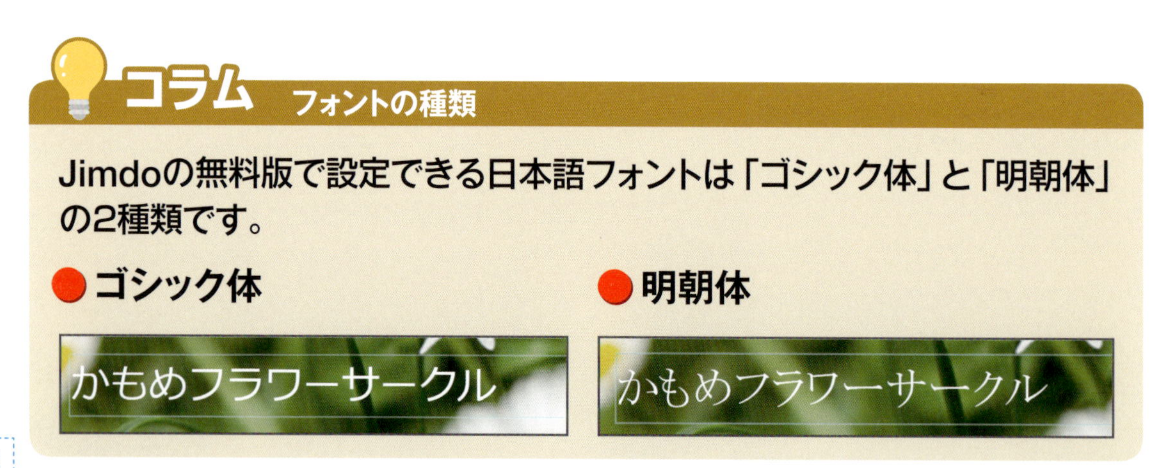

コラム　フォントの種類

Jimdoの無料版で設定できる日本語フォントは「ゴシック体」と「明朝体」の2種類です。

● ゴシック体

● 明朝体

4 ナビゲーションバーの色を変更します

スタイルの詳細設定画面を表示しておきます。ナビゲーションバーを**クリック**  し、項目から「背景色」を**クリック**  します。

表示されたカラーパレットから設定する色を選択し、選択を**クリック**  します。

ポイント

透過性ボタンを左にスライドすると、塗りつぶしの色に透かしを入れることができます。

ナビゲーションバーの色が変更されました。保存を**クリック**  して保存します。

次へ

5 ボタンの色を変更します

スタイルの詳細設定画面を表示しておきます。ボタンの上を

クリック  し、

項目から「背景色」を

クリック  します。

表示されたカラーパレットから設定する色を選択し、選択を

クリック  します。

リンクボタンの色が変更されました。保存を

クリック して保存します。

6 スタイル設定画面を閉じます

スタイルの変更を終えたら、右上の ✕ をクリックします。

スタイル設定画面が閉じました。

ポイント

その他、気になるところのスタイルも変更してみましょう。

コラム　サイドバーのスタイル設定

サイドバー付きのレイアウトの場合、サイドバーのコンテンツのスタイルは、別に設定する必要があります。155ページからの方法でスタイルの詳細設定画面を表示し、サイドバーのコンテンツをクリックして編集します。

終わり

仕上げ編

Section 02

インターネットでページを検索してもらえるようにしよう

- Googleアカウント取得
- パフォーマンス設定
- Googleに登録

ホームページが完成したら、検索サイトでページが検索され、多くの人に閲覧してもらえるように設定しましょう。ここでは「Google」にホームページを登録する方法を解説します。

「Google」にホームページを登録するには

多くの人が検索で利用する「Google」で自分のホームページが検索されるようにするには、まずJimdo側での設定が必要となります。その後に、Googleにホームページの登録をしていきます。なお、Googleにホームページを登録するには、「Googleアカウント」を取得しておく必要があります。登録は無料でできます。

Googleアカウント登録手順

1. インターネットでGoogleのアカウント登録画面（https://accounts.google.com/SignUp?hl=ja）を表示し、必要事項を入力する。キーワード検索の場合は、「Googleアカウント　作成」で検索します。
2. 確認コードを受け取る設定を入力する（携帯電話のメールアドレス、または携帯電話番号）
3. メール又は音声ですぐに確認コードが送られてくるので確認する
4. 受け取ったコード（番号）を入力する
5. 登録完了

1 検索の設定をする画面を開きます

ホームページの編集画面で、

≡ 管理メニュー を

クリック  します。

メニューから

パフォーマンス

を**クリック**  します。

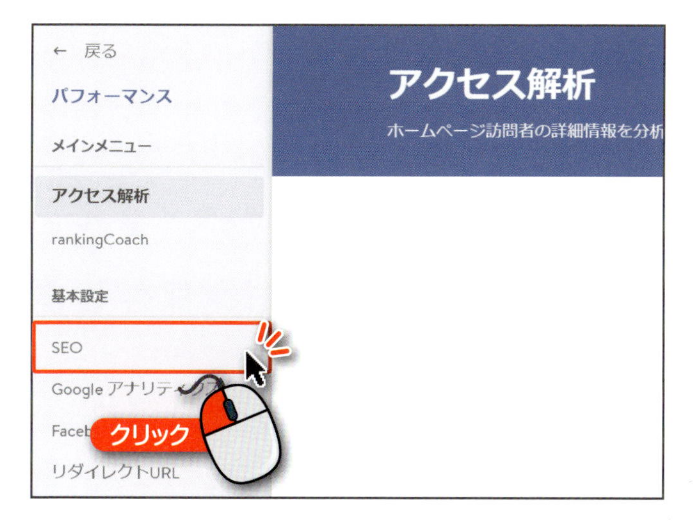

メインメニューから

SEO を

クリック します。

次へ

検索設定画面が表示されました。

2 ホームページのタイトルを入力します

ホームページ を

クリック します。

ページタイトル入力画面が表示されます。

ポイント

初期設定ではJimdoに登録した時のアドレス名が表示されています。

ページタイトルにホームページ全体のタイトルを

入力 し、保存します。

③ ページのタイトルとページ概要を入力します

ホーム を

クリック します。

ページタイトルとページ概要の入力画面が表示されます。

「ページタイトル」と「ページ概要」を

入力 し、

下の「Googleプレビュー」で表示されるイメージを確認します。

画面下の 保存 を

クリック し、管理メニューを閉じます。

次へ

④ ホームページをGoogleに登録します

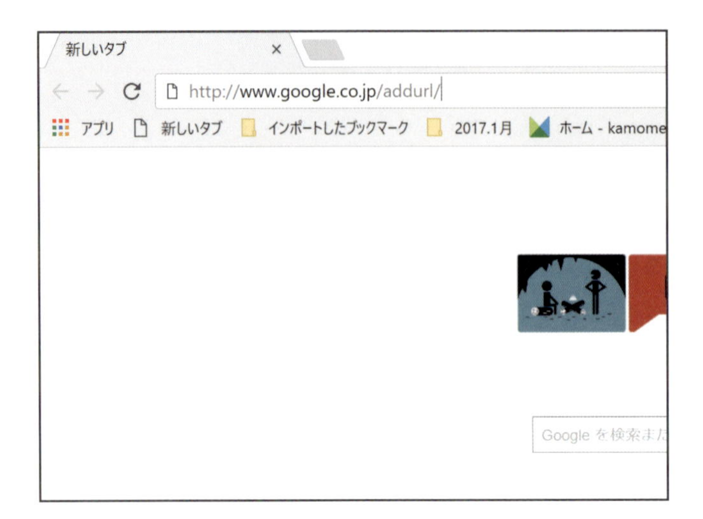

あらかじめ、Googleにログインしたうえで、インターネットで「http://www.google.co.jp/addurl/」にアクセスします。

「Seach Console」ページが表示されます。

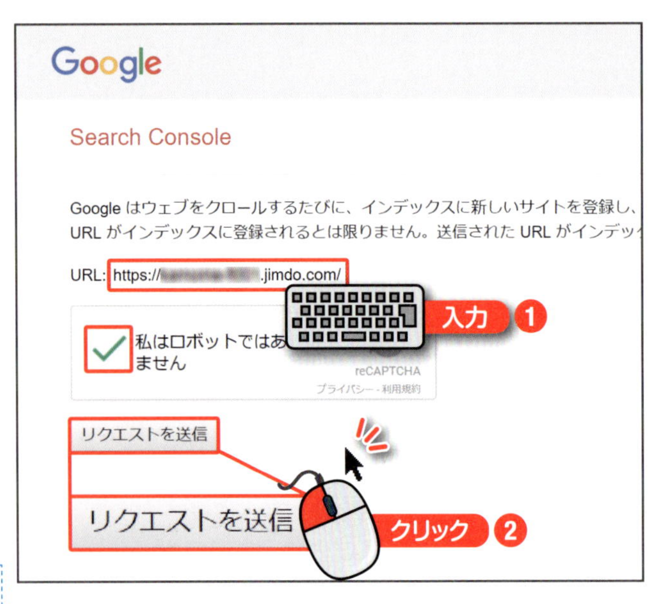

「URL」欄に自分のホームページアドレスを**入力**し、「私はロボットではありません」にチェックをしたら、リクエストを送信 を**クリック**します。

Search Console - URL の
保護された通信 https://www.google.com/webmasters/tools/submit-url?hl=ja&authuser=1&mesd=AB9YKzLeoZ_DW-7EmSNht
アプリ 新しいタブ インポートしたブックマーク 2017.1月 ホーム - kamome-flow チャットワーク ファイル - Dropbox かもめフラワーサークル
Google
Search Console
リクエストが受信されました。まもなく処理されます。
Google はウェブをクロールするたびに、インデックスに新しいサイトを登録し、既存のインデックスを更新しています。新しい URL を使用する場
URL がインデックスに登録されるとは限りません。送信された URL がインデックスに表示される時期について、予測や保証はいたしかねますので
URL:
私はロボットではありません
reCAPTCHA
プライバシー - 利用規約
リクエストを送信

登録のリクエスト完了のメッセージが表示されます。

5 Google検索でページが表示されるか確認します

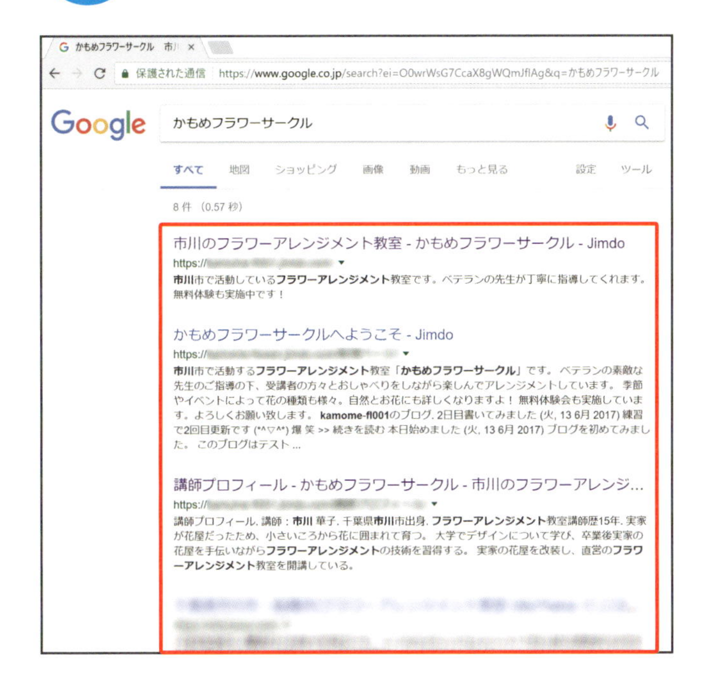

Google（https://www.google.co.jp）で自分のホームページ名で検索して、結果を確認します。なお、検索結果の表示順は、状況によって異なります。

ポイント

検索結果に表示されない場合は、キーワードを追加して検索してみましょう。ただし実際に検索結果に表示されるには、しばらく時間がかかります。

終わり

仕上げ編

Section 03

ホームページを更新しよう

- 更新作業
- 更新のポイント
- 更新例

作成したホームページの内容の修正や追加があったときは、「更新」作業を行い、常に最新情報を表示しておくようにしましょう。

更新作業とは

「更新」とはホームページの内容の追加や修正を行い、最新の状態にすることです。作成したホームページをそのままの状態で長期間放置しないようにしましょう。なお、Jimdo無料版の場合、180日を超えて一度もログインがなかった場合、データが削除されることがあります。

更新のポイント

- 文章の追加や修正をする(89ページ)
- 不要になったコンテンツを削除する(63ページ)
- 写真を追加する、入れ替える(83、87ページ)
- ページを新しく増やす(71ページ)
- リンクを設定する(112ページ)
- 一時的にページを非表示にする(170ページ)
- ホームページの背景を変更する(55ページ)

1 更新例1：イベントページを作成し、お知らせする

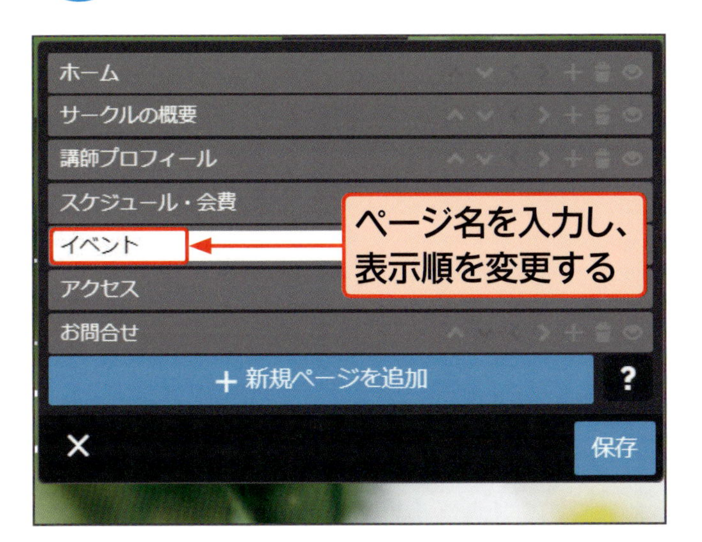

71ページからの方法で、「ナビゲーションの編集」から新しいページを追加し保存します。

新しいページに、必要なコンテンツを追加し、ページを作成していきます。

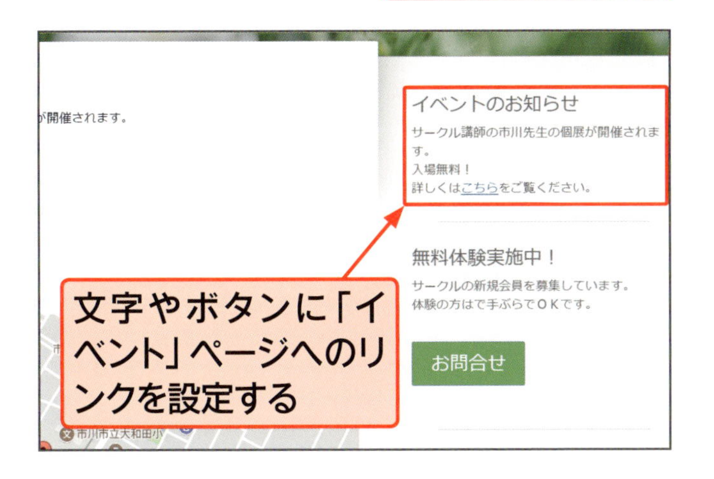

サイドバーにイベントのお知らせを表示し、「イベント」ページへのリンクを設定します。

次へ

2 更新例2：ページを一時的に非表示にする

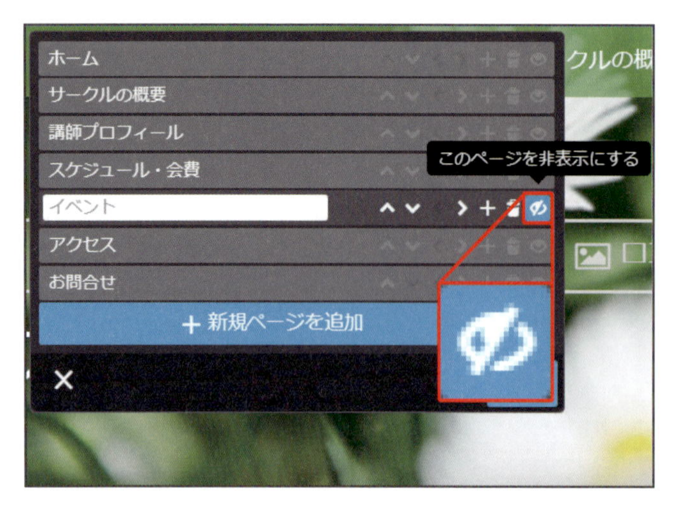

未完成のページを閲覧されないように、ページを非表示にします。「ナビゲーションの編集」で非表示にするページのを選択して、保存します。

非表示にしたページ名に斜線がはいります。

119ページの方法でプレビュー画面を表示すると、ページが非表示になっているのを確認できます。

終わり

Q&A編

付録

ホームページ作成 困った! 解決 Q&A

この章でできること

- 表を挿入する
- Facebookと連携する
- ページにパスワードを設定する
- メールアドレスやパスワードを再設定する
- ホームページを削除する

Q&A編

Section 01

ページの中に表を挿入したい

- 表の追加
- 表に文字を入力
- 表の書式変更

ページには、「表」を追加することもできます。表を使用すると、まとまった情報を整理して表示することができます。必要に応じて使ってみましょう。

1 表を追加します

「コンテンツの追加」→「その他のコンテンツ&アドオン」をクリック  します。

コンテンツの一覧から  をクリックします。

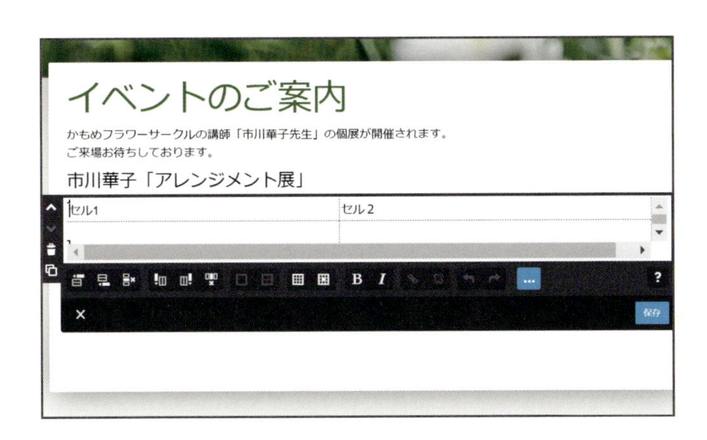

２列２行の表が追加されました。

2 行を追加します

表の中を選択し、

（「行の追加」）を

クリック  します。

行が１行追加されます。必要な行数を用意しましょう。

同じように列も「列の追加」で追加できます。

次へ

3 表に文字を入力します

セル（表のマス目）の中に文字を**入力**します。

文字数に合わせてセルの幅が自動調節されます。

4 表に罫線を引きます

表の中のセルをすべて範囲選択し、（「セルのプロパティ」）を**クリック**します。

「セルのプロパティ」の「罫線の色」を**クリック**  します。表示されたカラーパレットから罫線の色を選択し、色を選んでくださいを**クリック**  します。

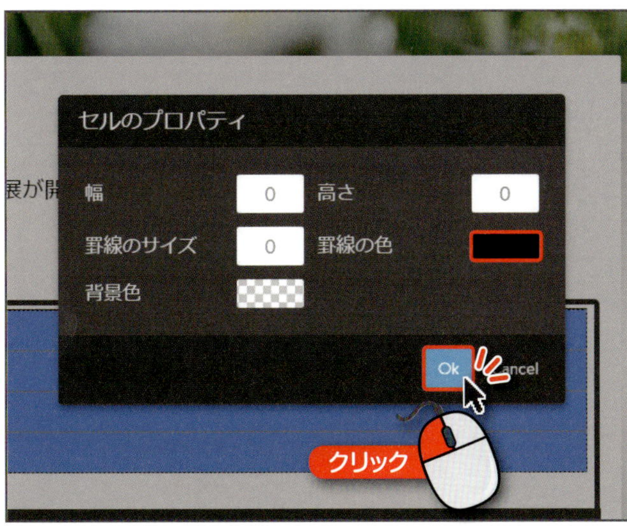

罫線の色が設定されたら、Okを**クリック**します。

表に罫線が引かれました。保存を**クリック**  して保存します。

終わり

Q&A編

Section 02

ホームページとFacebookを連携させたい

- Facebookページ
- Facebookコンテンツ
- Facebookページと連携

ホームページにFacebookを連携させて、フェイスブックページをアピールすることもできます。連携することで、ホームページを訪問してもらうきっかけにもなります。

Facebookページと連携させる

ホームページにFacebookを連携させるには、「Facebookページ」が必要です。このページは「個人ページ」とは違って、企業やグループ、団体が作るFacebookのページです。Facebookにログインして、「Facebookページ作成」画面（https://www.facebook.com/pages/create/）でサークルや団体のページを作成します。

Facebookの「個人ページ」ではなく、「Facebookページ」を用意して、連携しましょう

1 コンテンツの一覧からFacebookを選択します

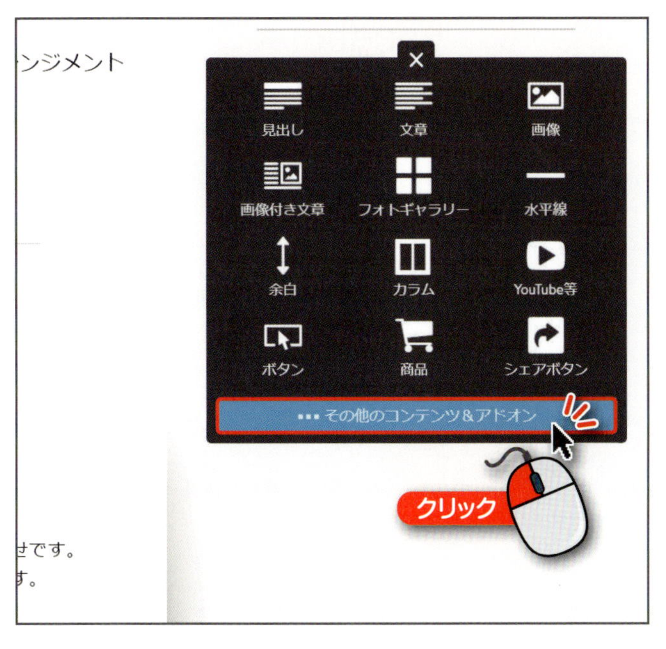

今回はサイドバーにコンテンツを追加します。「コンテンツの追加」→「その他のコンテンツ&アドオン」を**クリック**します。

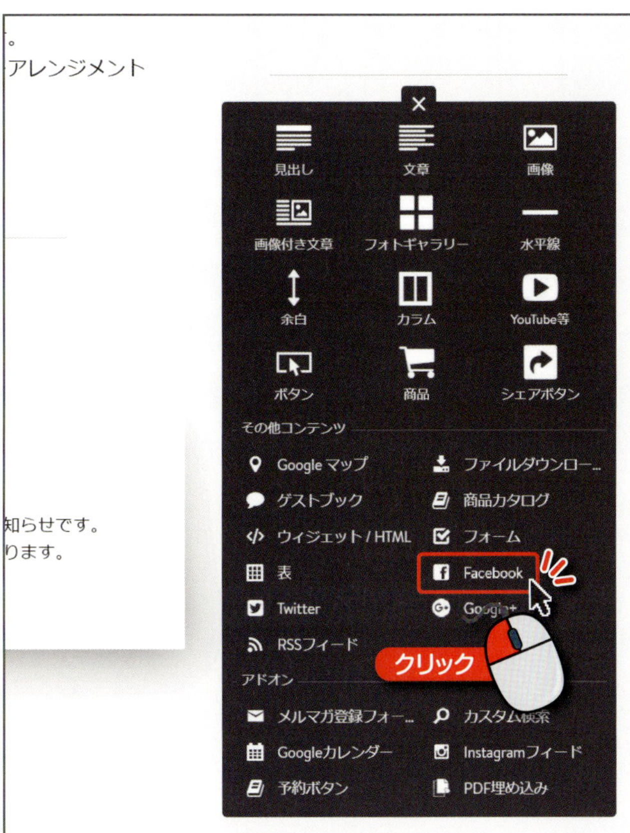

コンテンツの一覧から  を

クリック  します。

次へ

2 Facebookページを連携させます

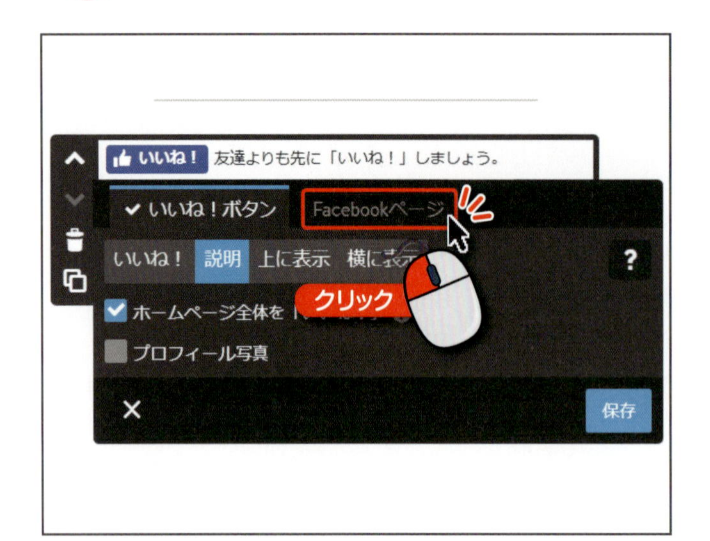

Facebookコンテンツが表示されます。

を

クリック します。

サンプルが表示されます。

サンプルのアドレスを削除して、「Facebookページ」のアドレスをコピーして貼り付けます。

最後に 保存 を

クリック します。

Facebookページのカバー写真が表示され、正常に連携されました。

終わり

コラム Facebook連携画面の構成

Facebookページと連携すると、ホームページ上からFacebookページを表示することなどができます。

Q&A編

Section 03

ホームページにパスワードを設定したい

- パスワード設定
- パスワード保護領域
- パスワード解除

各ページにパスワードを設定してページを非公開にすることができます。特定の人向けの専用ページや未完成のページなどに設定します。設定は「管理メニュー」から行います。

1 パスワード設定画面を表示します

× 管理メニュー から

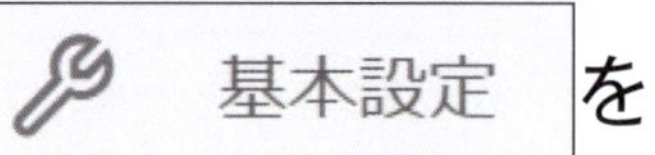

を

クリック します。

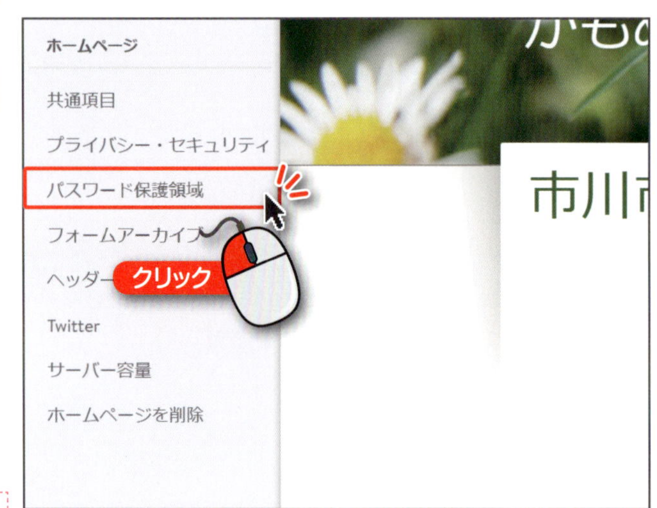

基本設定の「ホームページ」メニューの パスワード保護領域 を

クリック します。

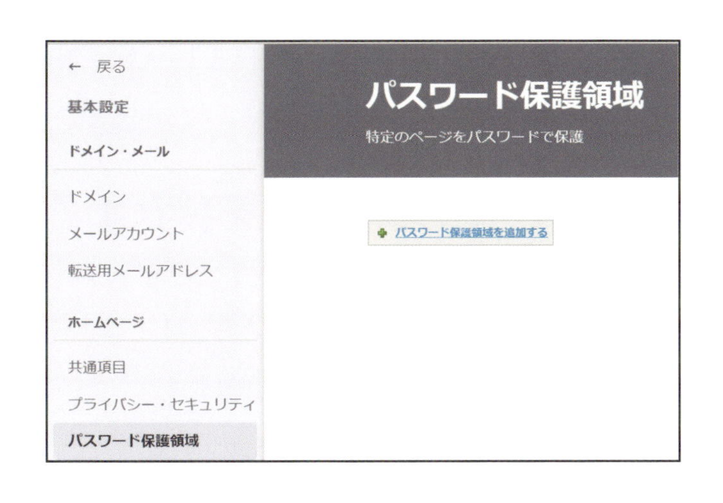

パスワード保護領域設定画面が表示されます。

2 ページにパスワードを設定します

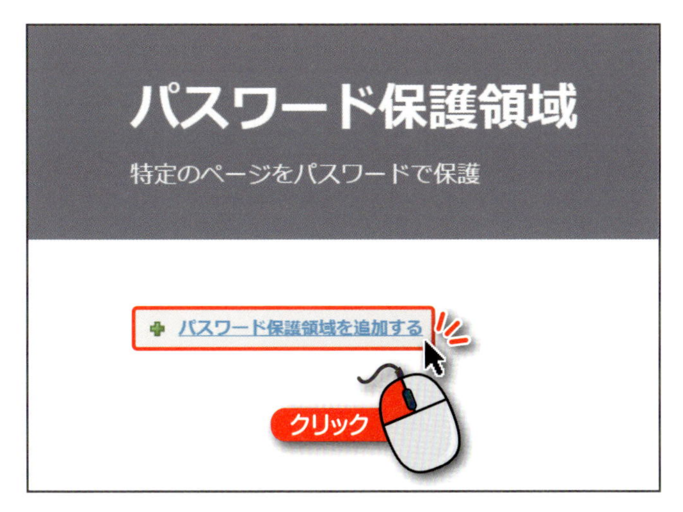

今回は事前に「会員専用」ページを作成しておき、このページにパスワードを設定します。

パスワード保護領域を追加する を**クリック**します。

← 戻る
基本設定
ドメイン・メール
ドメイン
メールアカウント
転送用メールアドレス
ホームページ
共通項目
プライバシー・セキュリティ
パスワード保護領域
フォームアーカイブ
ヘッダー編集
Twitter
サーバー容量
ホームページを削除

パスワード保護領域
特定のページをパスワードで保護

注意：
1. パスワード保護は設定したページのみ有効です。またファイルや画像は100%の保護を保証できるものではありませんので、重要なデータのお取り扱いには十分ご注意ください。
2. ブログ記事にはパスワードを設定できません。

名前:
新しいパスワード保護領域
パスワード:
パスワードを設定するページを選択してください:
ホーム
サークルの概要
講師プロフィール
スケジュール・会費
イベント
アクセス
お問合せ
会員専用
保存 もしくは 閉じる

パスワード保護領域の設定画面が表示されます。

次へ

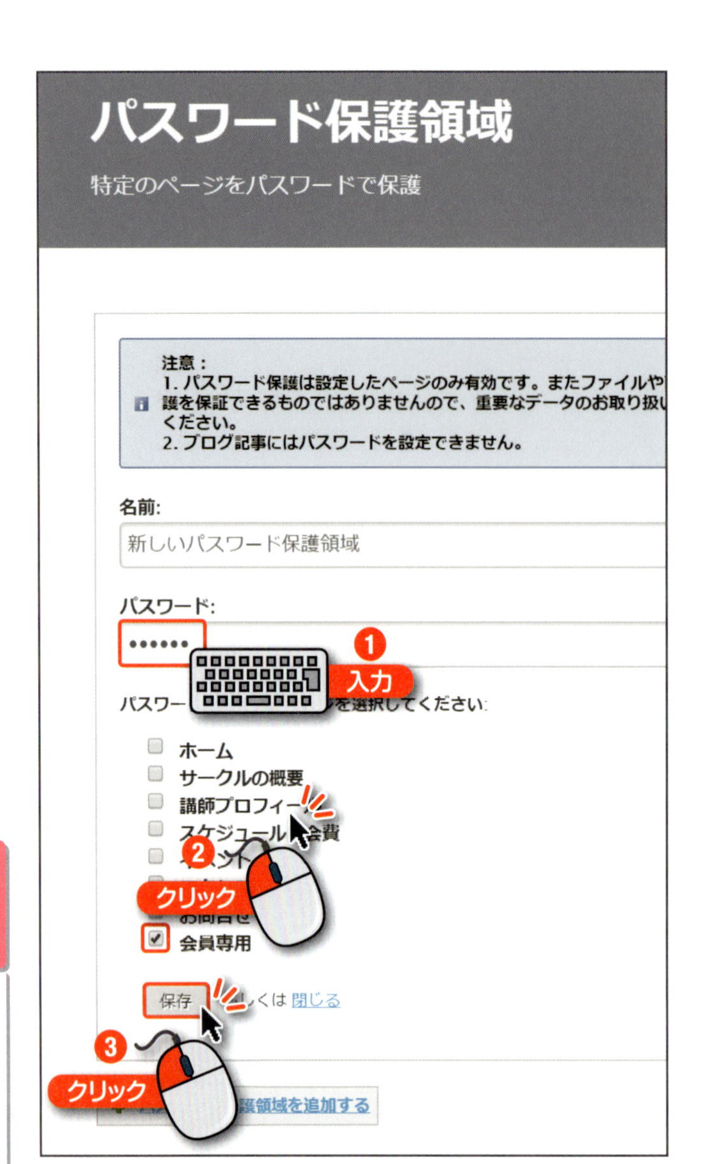

設定する「パスワード」を**入力**し、パスワードを設定するページを選択します。最後に 保存 を**クリック**します。

ページに「パスワード保護領域」が設定されました。
管理メニューを閉じます。

3 パスワード保護ページを確認します

プレビュー画面を表示します。
パスワードを設定したページを開くと、パスワードを要求されます。

ポイント

パスワードを入力し、「ログイン」をクリックすると、ページが表示されます。

終わり

コラム パスワード保護を解除する

「管理メニュー」→「基本設定」→「パスワード保護領域」とクリックして、保護領域の「削除」をクリックすると、ページのパスワードが解除され、通常の表示に戻ります。

Q&A編

Section 04

メールアドレスやパスワードを変更したい

- プロフィール
- メールアドレス変更
- パスワード変更

Jimdoにログインするためのメールアドレスやパスワードを変更することができます。変更作業は「ダッシュボード」の「プロフィール」画面で設定します。

1 「プロフィール」画面を表示します

ログインして「ダッシュボード」を表示し、画面左上のアカウント名の上にカーソルを置き、表示されるメニューから プロフィール を**クリック**  します。

プロフィール画面が表示されます。

ポイント

「プロフィール」画面では登録しているメールアドレスやパスワードを変更することができます。

2 メールアドレスを変更します

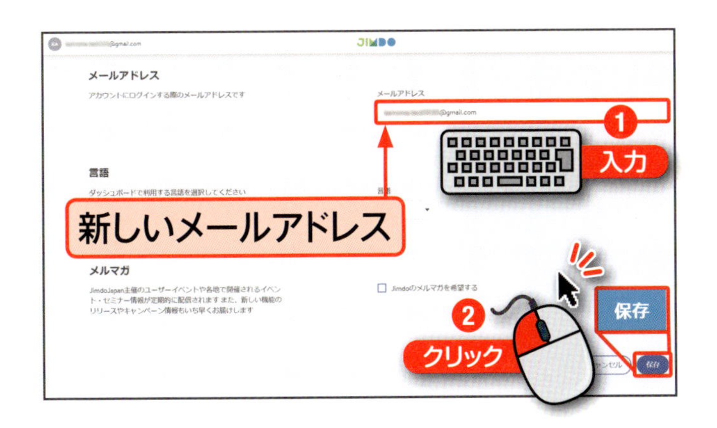

プロフィールの「メールアドレス」欄に変更するメールアドレスを**入力**し 保存 を**クリック**して、メールアドレスを確定させます。

3 パスワードを変更します

プロフィールの パスワード変更 を

クリック 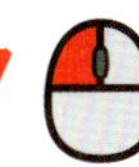 します。

「現在のパスワード」、「新しいパスワード」を**入力**し、最後に 保存 を**クリック**します。

終わり

Q&A編
Section 05

Jimdoのログインパスワードを忘れてしまった

- パスワード忘れ
- メール認証
- パスワード再設定

Jimdoにログインする際のパスワードを忘れてしまった場合は、再設定することができます。ログイン画面から、再設定の手続きを行いましょう。

1 再設定の手続きをします

「ログイン」画面の パスワードをお忘れですか？ をクリックします。

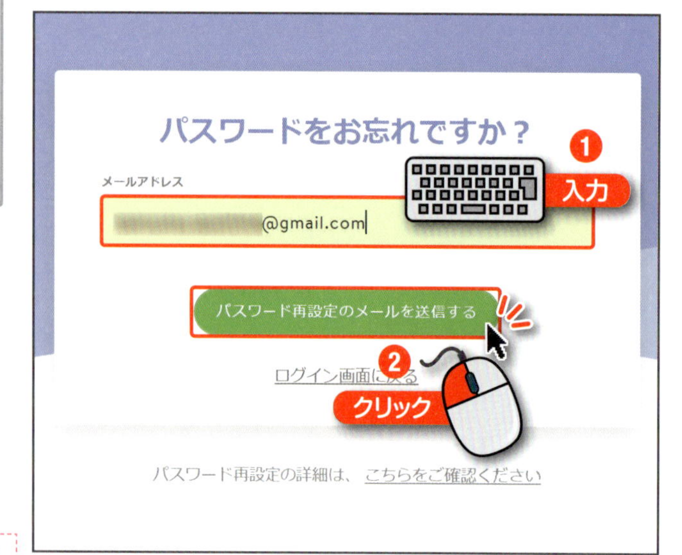

メールアドレスを入力し、 パスワード再設定のメールを送信する をクリックします。これで再設定の申請が行われました。

2 メールを確認します

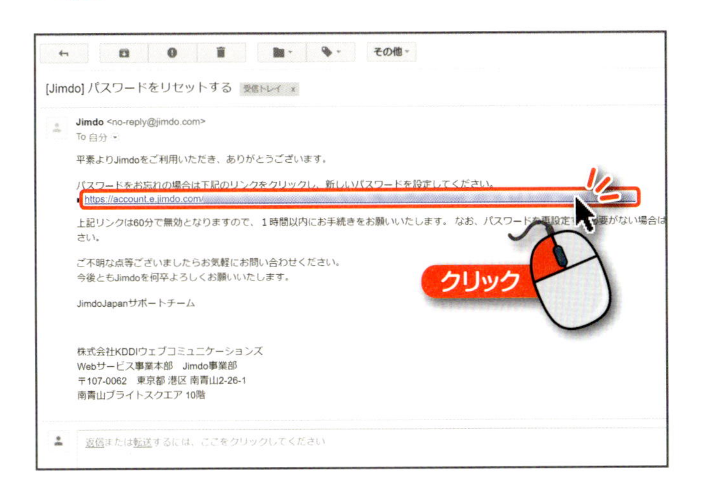

メールを起動し、Jimdoから届いている「パスワードをリセットする」というメールを開きます。中に表示されているリンクの上を

クリック  します。

3 パスワードを再設定します

新しいパスワードを

入力  し、

を

クリック します。

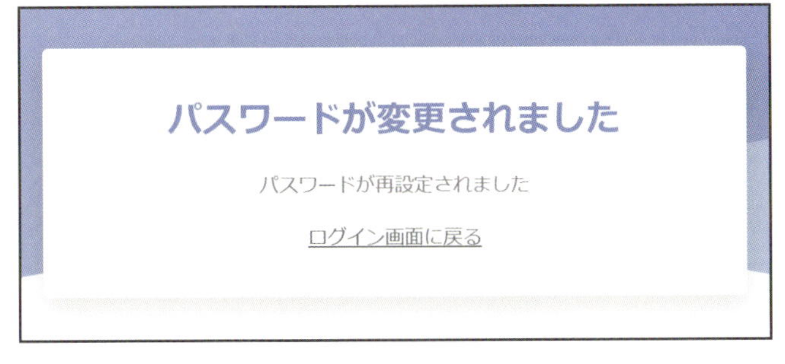

これでパスワードの再設定が完了しました。

終わり

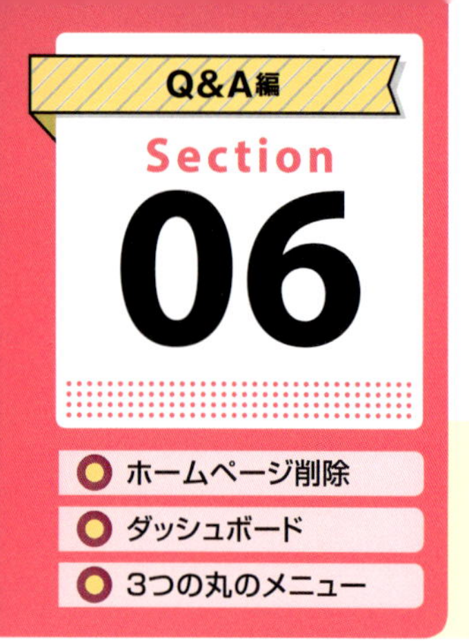

ホームページを削除したい

- ホームページ削除
- ダッシュボード
- 3つの丸のメニュー

Jimdoの無料版で作成したホームページを削除したい場合、「ダッシュボード」画面で削除します。一度削除してしまうと元に戻せないので慎重に行いましょう。

1 ダッシュボード画面を表示します

Jimdoへログインします。

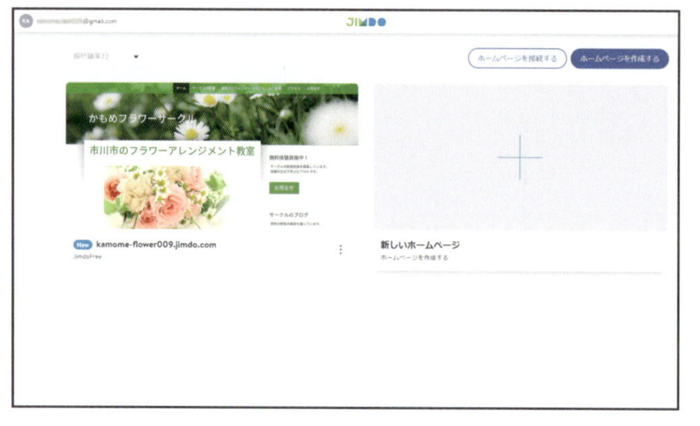

「ダッシュボード」画面が表示されます。

2 ホームページを削除します

削除するホームページの右下、を**クリック**します。

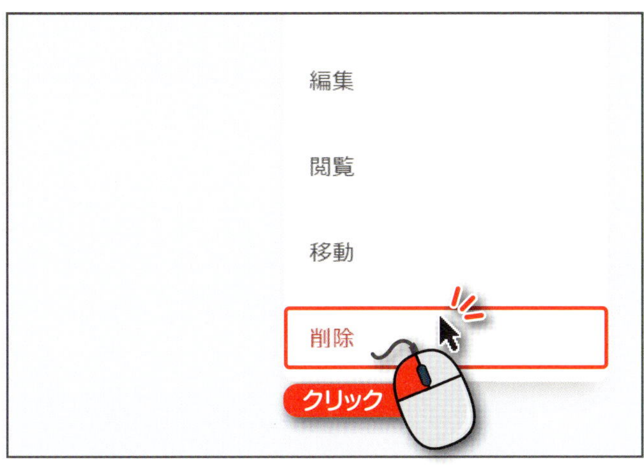

表示された一覧からを**クリック**します。

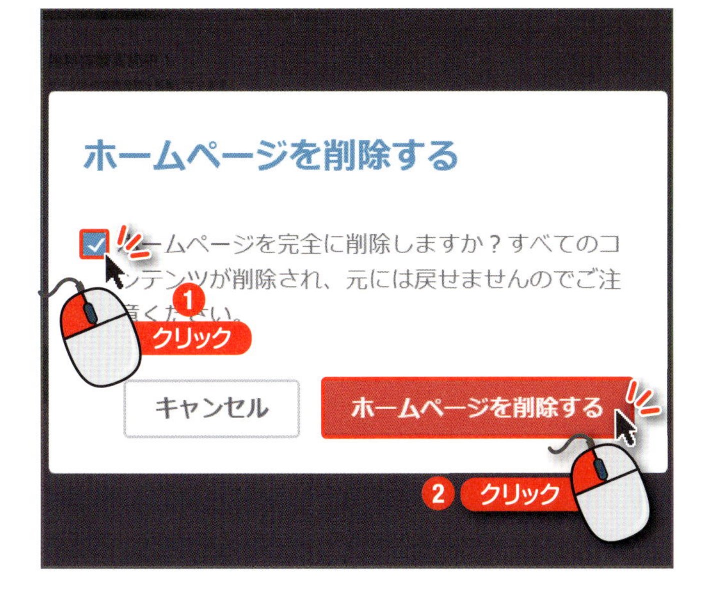

メッセージを確認し、チェックボックスを**クリック**します。を**クリック**すると完全に削除されます。

終わり

Index

アルファベット

Facebookページ……176
Google Seach Console……166
Googleマップ……143
Jimdo……22, 30
SEO……163

あ行

アドレス……27, 28
お問合せフォーム……146
お問合せフォームの編集……152
お問合せメール……151

か行

外部リンク……114
箇条書き……140
画像……83
画像付き文章……133
画像の入れ替え……87
画像の大きさ……85
画像の配置……86
画像の編集……87
カラム……96
カラムの編集……101
管理メニュー……39
検索サイト……162
コンテンツ……60
コンテンツの追加……61

さ行

サイドバー……52, 106
書式……92
水平線……105
スタイル……155
スタイル詳細設定画面……156
スマートフォン……120
スライドショー形式……59

た行

タイトル……68
ダッシュボード……40
地図……142
デザイン……155
登録……30

な行

内部リンク……112
ナビゲーション……39
ナビゲーションの編集……71

は行

背景(色)……54
背景(写真)……58
パスワード……32
パスワード(ページ)……180
パスワードの再設定……186
パスワードの変更……185
表の挿入……172
フォトギャラリー……125

フォトギャラリーの表示形式……131
フォント……158
フッター……39
ブラウザ……26
プリセット……50
プレビュー……39, 118
ブログ……21
文章……89
ページタイトル……67
ページの削除……72
ページの順序変更……75
ページの追加……73
ページの表示切替……76
ヘッダー……39
ホームページ……20
ホームページの更新……168
ホームページの削除……188

ま行

見出し……65
無料版……24
メインエリア……39
メールアドレス……32
メールアドレスの変更……185
文字の色……94
文字の大きさ……93

や・ら行

有料版……24
余白……103
リンク……110
リンクの解除……116
レイアウト……33, 48, 52
ログアウト……43
ログイン……41
ロゴエリア……67

著者
岩間麻帆

本文デザイン・本文イラスト・DTP
リンクアップ

操作イラスト・カバーイラスト
イラスト工房（株式会社アット）

カバーデザイン
田邉恵里香

編集
伊藤鮎

技術評論社ホームページ
URL　http://book.gihyo.jp

問い合わせについて

本書に関するご質問については、本書に記載されている内容に関するもののみとさせていただきます。本書の内容と関係のないご質問につきましては、一切お答えできませんので、あらかじめご了承ください。また、電話でのご質問は受け付けておりませんので、必ずFAXか書面にて下記までお送りください。
なお、ご質問の際には、必ず以下の項目を明記していただきますよう、お願いいたします。

1. お名前
2. 返信先の住所またはFAX番号
3. 書名
4. 本書の該当ページ
5. ご使用のOSのバージョン
6. ご質問内容

FAX

1 **お名前**
技術　太郎

2 **返信先の住所またはFAX番号**
03-XXXX-XXXX

3 **書名**
今すぐ使えるかんたん
ぜったいデキます！
ホームページ作成超入門

4 **本書の該当ページ**
146ページ

5 **ご使用のOSのバージョン**
Windows10

6 **ご質問内容**
お問合せフォームが
表示されない。

問い合わせ先

〒162-0846 新宿区市谷左内町21-13
株式会社技術評論社 書籍編集部

「今すぐ使えるかんたん　ぜったいデキます！
ホームページ作成超入門」質問係
FAX.03-3513-6167

なお、ご質問の際に記載いただいた個人情報は、ご質問の返答以外の目的には使用いたしません。また、ご質問の返答後は速やかに破棄させていただきます。

今すぐ使えるかんたん　ぜったいデキます！
ホームページ作成超入門

2018年3月30日　初版　第1刷発行

著　者　岩間　麻帆
発行者　片岡　巌
発行所　株式会社技術評論社
　　　　東京都新宿区市谷左内町21-13
　　　　電話　03-3513-6150　販売促進部
　　　　　　　03-3513-6160　書籍編集部
印刷／製本　大日本印刷株式会社

定価はカバーに表示してあります。

ISBN978-4-7741-9627-5 C3055
Printed in Japan